D1750842

WIE GEHT DENN DAS...?
VOM COMPUTER BIS ZUM DÜSENJET

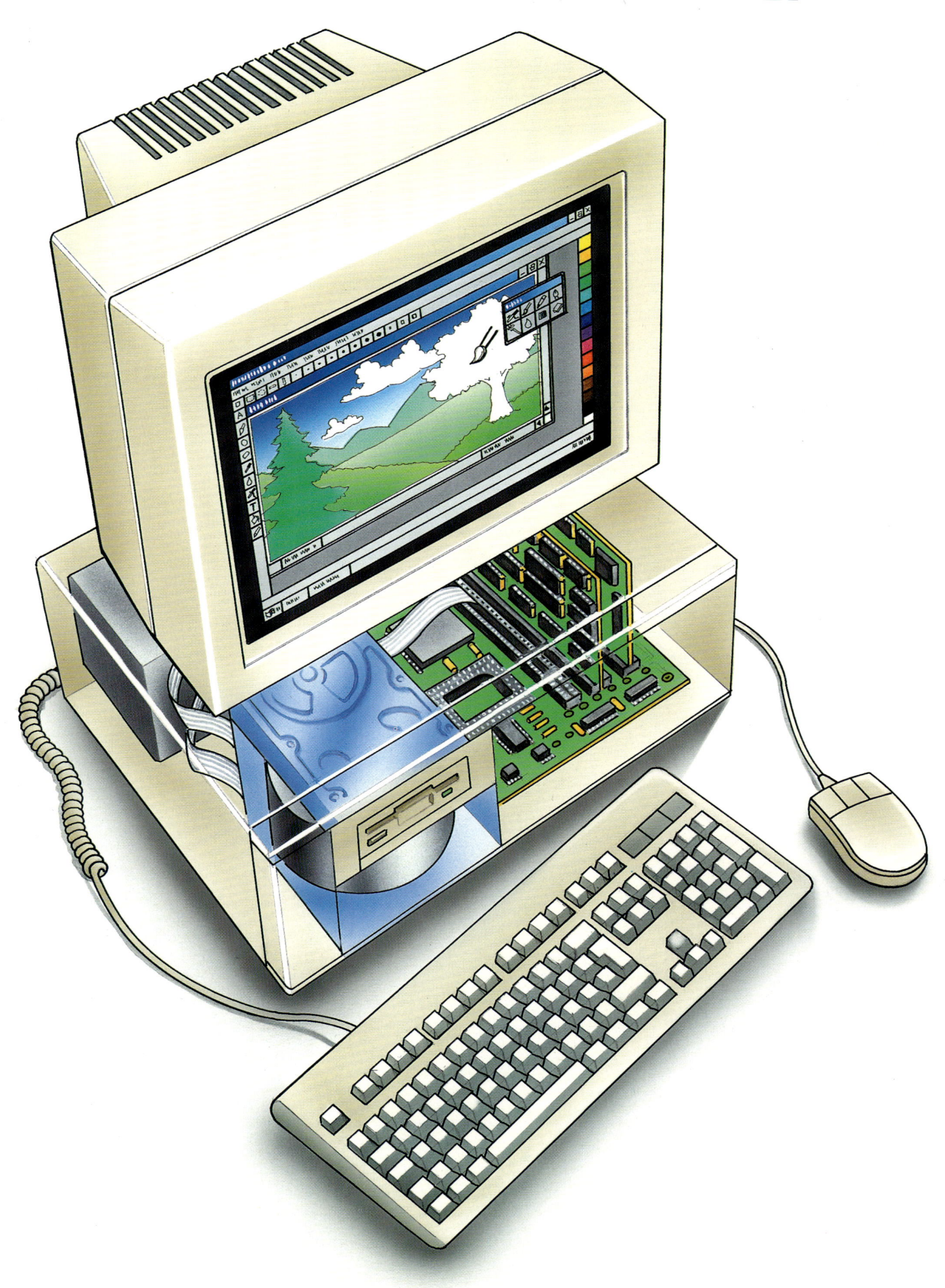

NAUMANN & GÖBEL

© Heinemann Publishers Ltd, Oxford
Titel der Originalausgabe: The Big Book of How Things Work
Autor: Peter Lafferty
All rights reserved

Für die deutsche Ausgabe:
© Naumann & Göbel Verlagsgesellschaft mbH in der VEMAG Verlags- und Medien-Aktiengesellschaft, Köln
Aus dem Englischen übersetzt von Petra Juling
Redaktion der aktualisierten Neuausgabe: Helmut Mallas
Alle Rechte vorbehalten

ISBN 3-625-20246-8

INHALTSVERZEICHNIS

ENERGIE, KRAFT, WASSER

Stromversorgung	4
Das Kernkraftwerk	6
Wasserversorgung	8
Der Elektromotor	10
Der Benzinmotor	12
Das Düsentriebwerk	14

UNTERWEGS

Das Auto	16
Sicherheit im Auto	18
Das Motorrad	20
Die Lokomotive	22
Das Flugzeug	24
Der Hubschrauber	26
Das Unterseeboot	28
Das Luftkissenboot	30

BEI DER ARBEIT

Der Wolkenkratzer	32
Aufzug und Rolltreppe	34
Der Fotokopierer	36
Telekommunikation	38
Der Computer	40
Die Papierherstellung	42
Das Druckverfahren	44
Stahlerzeugung	46
Erdölförderung	48
Die Erdölraffinerie	50
Der Laser	52
Der Strichcode-Leser	54
Röntgentomographie	56
Das Dialyse-Gerät	58

ZU HAUSE

Schlösser	60
Uhren	62
Haushaltsgeräte	64
Die Stereoanlage	66
Der Kassettenrecorder	68
Das Radio	70
Das Fernsehgerät	72
Der Videorecorder	74
Der Fotoapparat	76
Register	78

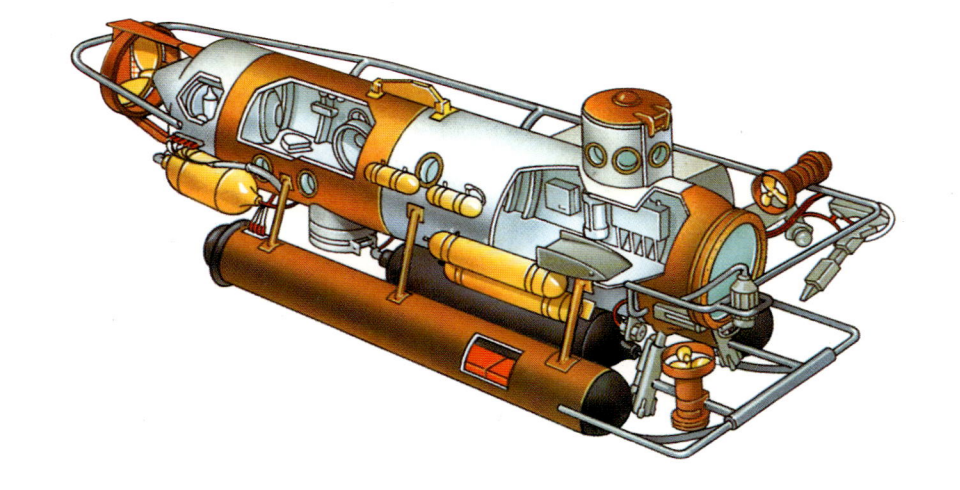

ENERGIE, KRAFT, WASSER

STROMVERSORGUNG

Kraftwerke, die elektrische Energie erzeugen, liegen meist weit entfernt von den Städten, Fabriken und Häusern, die die Energie verbrauchen. Durch große Kabel, die unter der Erde verlegt sind, und durch Überlandleitungen gelangt der Strom zu den Verbrauchern.

Viele Kraftwerke verbrennen Kohle oder Öl, um Wasser zu erhitzen und Dampf zu erzeugen. In einem Kernkraftwerk geschieht dies durch nukleare Brennstoffe (s. S. 6-7). Der Dampf wird dann gegen die Windmühlenflügel-ähnlichen Schaufeln einer Turbine gedrückt und bringt diese in rasche Drehung. Zur besseren Energieausnutzung wird der Dampf häufig über mehrere Turbinen nacheinander geleitet, bis seine Wärmeenergie erschöpft ist.

Die rotierenden Turbinen treiben Generatoren an. Diese bestehen aus dichten Drahtwindungen, die in der Nähe eines Elektromagneten zum Rotieren gebracht werden. Die Generatoren produzieren Wechselstrom (s. S. 10-11). Die so erzeugte Elektrizität wird dann zu einem Gerät geleitet, das man Transformator nennt.

Ein Transformator kann die elektrische Spannung des Wechselstroms verändern. Einige Transformatoren erhöhen die Voltzahl des elektrischen Stroms (Aufwärtstransformatoren). Andere Transformatoren, sogenannte „Abwärtstransformatoren", vermindern die Spannung.

Unten: Im Dampfkessel des Kraftwerks wird Wasser zu Dampf erhitzt. Der Dampf strömt durch Turbinen, wobei er den Generator in Drehungen versetzt. Danach wird der Dampf in den Kühlturm geleitet, wo er zu Wasser kondensiert, das wieder genutzt werden kann. Ein Transformator erhöht die Spannung des vom Generator erzeugten Stroms von 11.000 Volt auf 400.000 Volt.

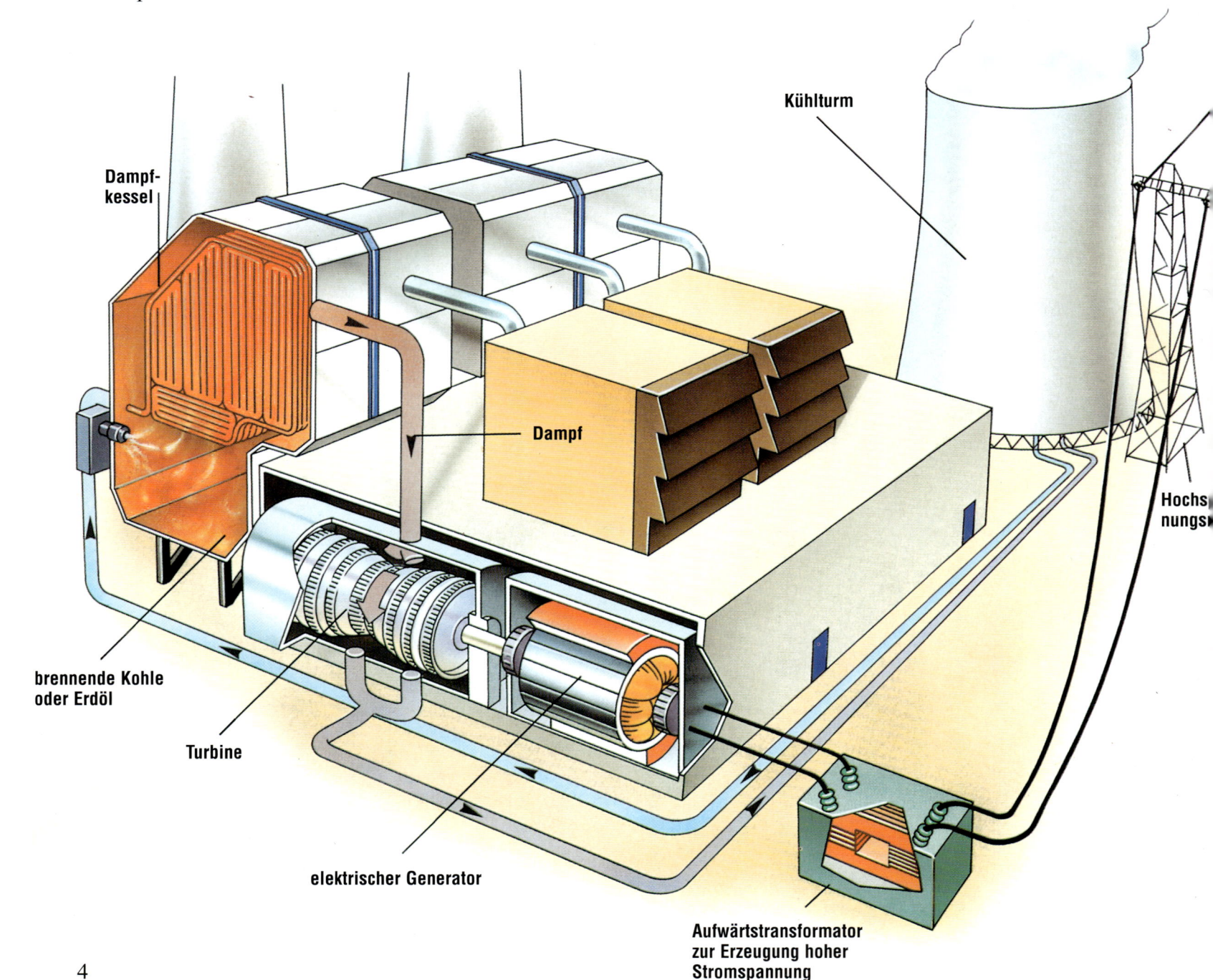

Dampfkessel
Kühlturm
Dampf
brennende Kohle oder Erdöl
Turbine
elektrischer Generator
Hochspannungs-
Aufwärtstransformator zur Erzeugung hoher Stromspannung

STROMVERSORGUNG

Umspannwerk

Stadt

Hochspannungsleitung

Fabrik

ca. 110-240 Volt

Abwärtstransformator

Abwärtstransformator

Abwärtstransformator

ca. 11.000 Volt

elektrisch betriebener Zug

ca. 25.000 Volt

Abwärtstransformator

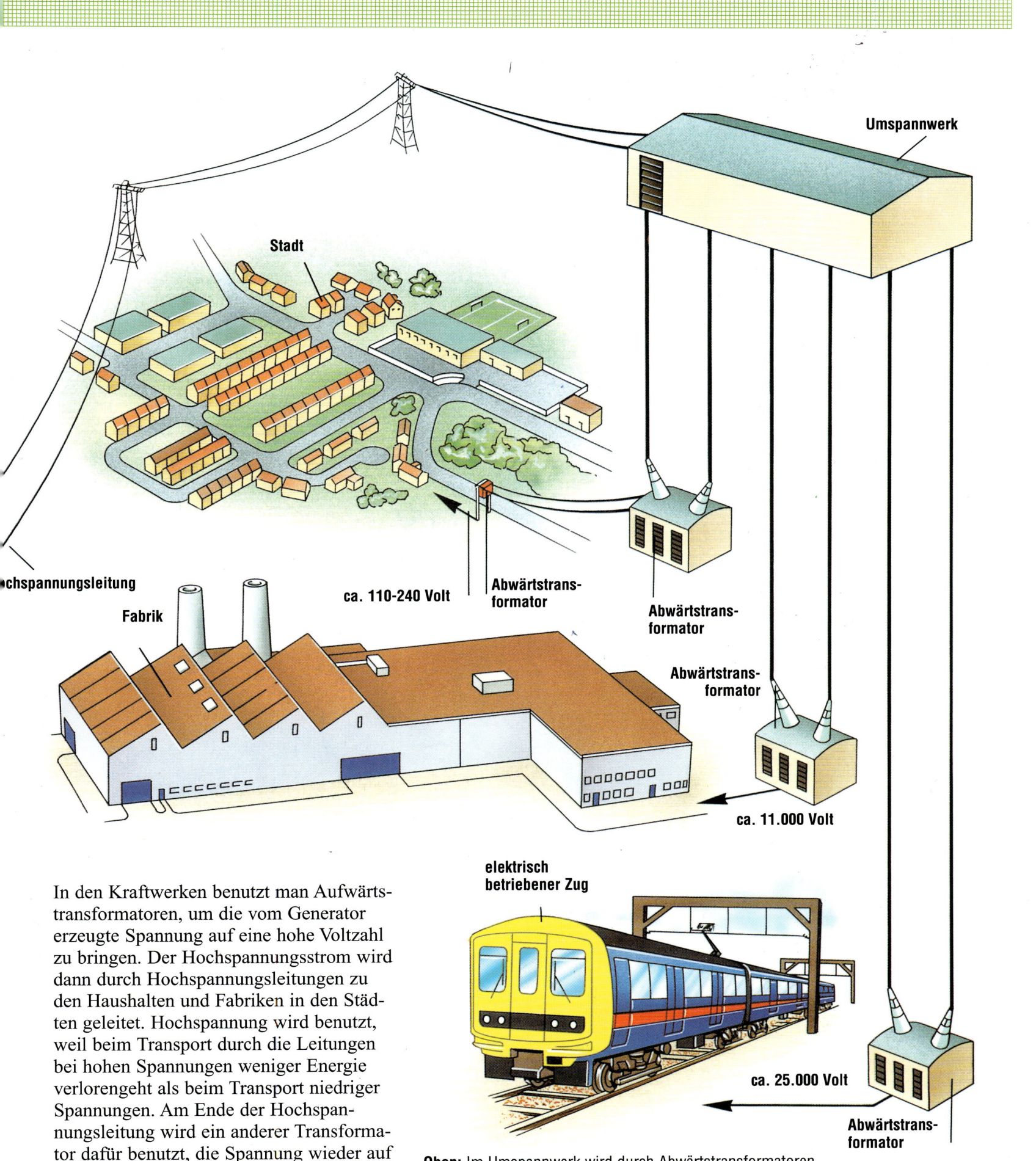

In den Kraftwerken benutzt man Aufwärtstransformatoren, um die vom Generator erzeugte Spannung auf eine hohe Voltzahl zu bringen. Der Hochspannungsstrom wird dann durch Hochspannungsleitungen zu den Haushalten und Fabriken in den Städten geleitet. Hochspannung wird benutzt, weil beim Transport durch die Leitungen bei hohen Spannungen weniger Energie verlorengeht als beim Transport niedriger Spannungen. Am Ende der Hochspannungsleitung wird ein anderer Transformator dafür benutzt, die Spannung wieder auf eine niedrigere Voltzahl zu bringen, so daß der Strom in den Wohnungen und Fabriken mit geringerem Risiko genutzt werden kann.

Oben: Im Umspannwerk wird durch Abwärtstransformatoren Hochspannungsstrom aus der Hochspannungsleitung auf etwa 130.000 Volt heruntertransformiert. Durch weitere Transformatoren wird die Spannung noch mehr verringert, ehe sie Fabriken und Wohnungen erreicht.

ENERGIE, KRAFT, WASSER

DAS KERNKRAFTWERK

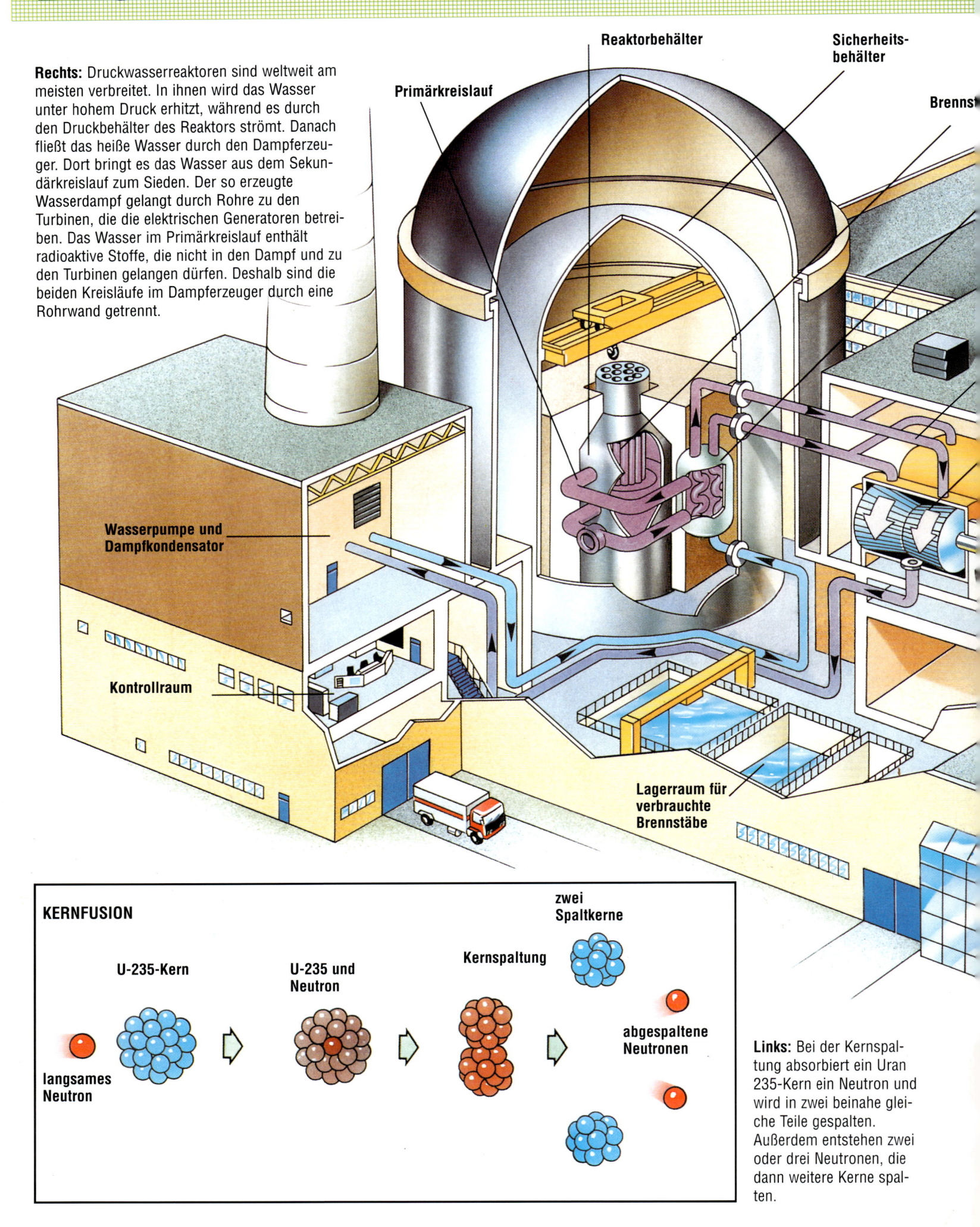

Rechts: Druckwasserreaktoren sind weltweit am meisten verbreitet. In ihnen wird das Wasser unter hohem Druck erhitzt, während es durch den Druckbehälter des Reaktors strömt. Danach fließt das heiße Wasser durch den Dampferzeuger. Dort bringt es das Wasser aus dem Sekundärkreislauf zum Sieden. Der so erzeugte Wasserdampf gelangt durch Rohre zu den Turbinen, die die elektrischen Generatoren betreiben. Das Wasser im Primärkreislauf enthält radioaktive Stoffe, die nicht in den Dampf und zu den Turbinen gelangen dürfen. Deshalb sind die beiden Kreisläufe im Dampferzeuger durch eine Rohrwand getrennt.

- Reaktorbehälter
- Sicherheitsbehälter
- Primärkreislauf
- Brennst...
- Wasserpumpe und Dampfkondensator
- Kontrollraum
- Lagerraum für verbrauchte Brennstäbe

KERNFUSION

- langsames Neutron
- U-235-Kern
- U-235 und Neutron
- Kernspaltung
- zwei Spaltkerne
- abgespaltene Neutronen

Links: Bei der Kernspaltung absorbiert ein Uran 235-Kern ein Neutron und wird in zwei beinahe gleiche Teile gespalten. Außerdem entstehen zwei oder drei Neutronen, die dann weitere Kerne spalten.

DAS KERNKRAFTWERK

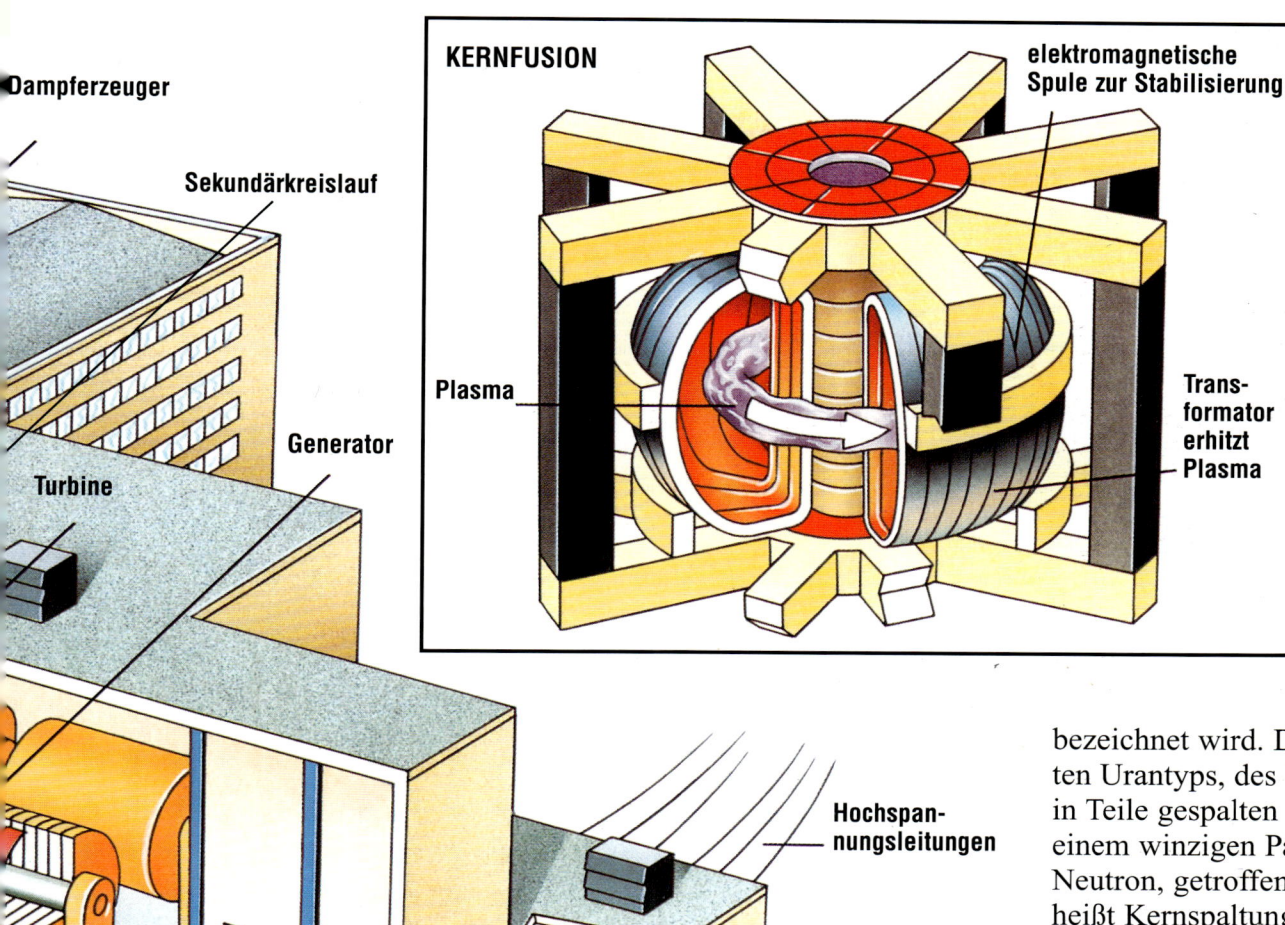

Dampferzeuger

Sekundärkreislauf

Turbine

Generator

KERNFUSION

Plasma

elektromagnetische Spule zur Stabilisierung

Transformator erhitzt Plasma

Hochspannungsleitungen

Transformator

Links: Wissenschaftler versuchen, den Vorgang der Energieerzeugung zu nutzen, der in Sonne und Sternen abläuft. Wasserstoffkerne verbinden sich zu Heliumkernen und geben bei ihrer Fusion Energie frei. Damit dies geschieht, müssen die Wasserstoffkerne auf 100 Mio. Grad Celsius erhitzt werden. Solche Experimente, bei denen so hohe Temperaturen entstehen, finden in Fusionsreaktoren statt. Um das heiße Gas zusammenzuhalten, werden Magnetfelder genutzt.

Ein Kernkraftwerk ähnelt in vieler Hinsicht einem mit Kohle oder Öl betriebenen Kraftwerk. Zunächst erhitzt man Wasser, um Dampf herzustellen. Der Dampf wird dann benutzt, um eine Turbine anzutreiben, die in Verbindung mit einem Generator steht und auf diese Weise Energie produziert. Der einzige wirkliche Unterschied besteht darin, daß in einem Kernkraftwerk Uran-Atome gespalten werden, um Wärme zu produzieren. Atome sind die winzigen Teilchen, aus denen alle Stoffe bestehen. In der Mitte jedes Atoms befindet sich eine kleine, dichte Kugel aus Materie, die als Kern bezeichnet wird. Der Kern eines bestimmten Urantyps, des Uran 235 (U-235), kann in Teile gespalten werden, wenn er von einem winzigen Partikel, dem sogenannten Neutron, getroffen wird. Dieser Prozeß heißt Kernspaltung.

Wenn ein U-235-Kern zerfällt, wird nicht nur Energie frei, sondern auch zwei oder drei weitere Neutronen. Falls diese Neutronen andere Uranatome treffen, können sich weitere Kernspaltungen ereignen. Es folgt dann eine Kettenreaktion, in der ein Kern nach dem anderen gespalten wird und ständig Energie freigesetzt wird.

Im Kernreaktor ist U-235 in Brennstäben eingeschlossen. Die Brennstäbe sind von Flüssigkeit oder Gas umgeben, die die von ihnen ausgehende Wärme abtransportiert. Andere sogenannte Kontrollstäbe, die aus einem Material wie z.B. Bor gefertigt werden, das Neutronen absorbieren kann, befinden sich neben den Brennstäben. Die Kontrollstäbe können herausgenommen und wieder eingesetzt werden, um die Wärmemenge zu regulieren, die die Kernbrennstäbe produzieren.

Alle Brenn- und Kontrollstäbe sind in Wasser oder Graphit eingebettet. Diese Stoffe bremsen die produzierten Neutronen, dadurch wird der Prozeß der Energiegewinnung effektiver.

Die verbrauchten Brennstäbe müssen viele hundert Jahre lang sicher aufbewahrt werden, damit die radioaktiven Stoffe keine Menschen gefährden.

ENERGIE, KRAFT, WASSER

WASSERVERSORGUNG

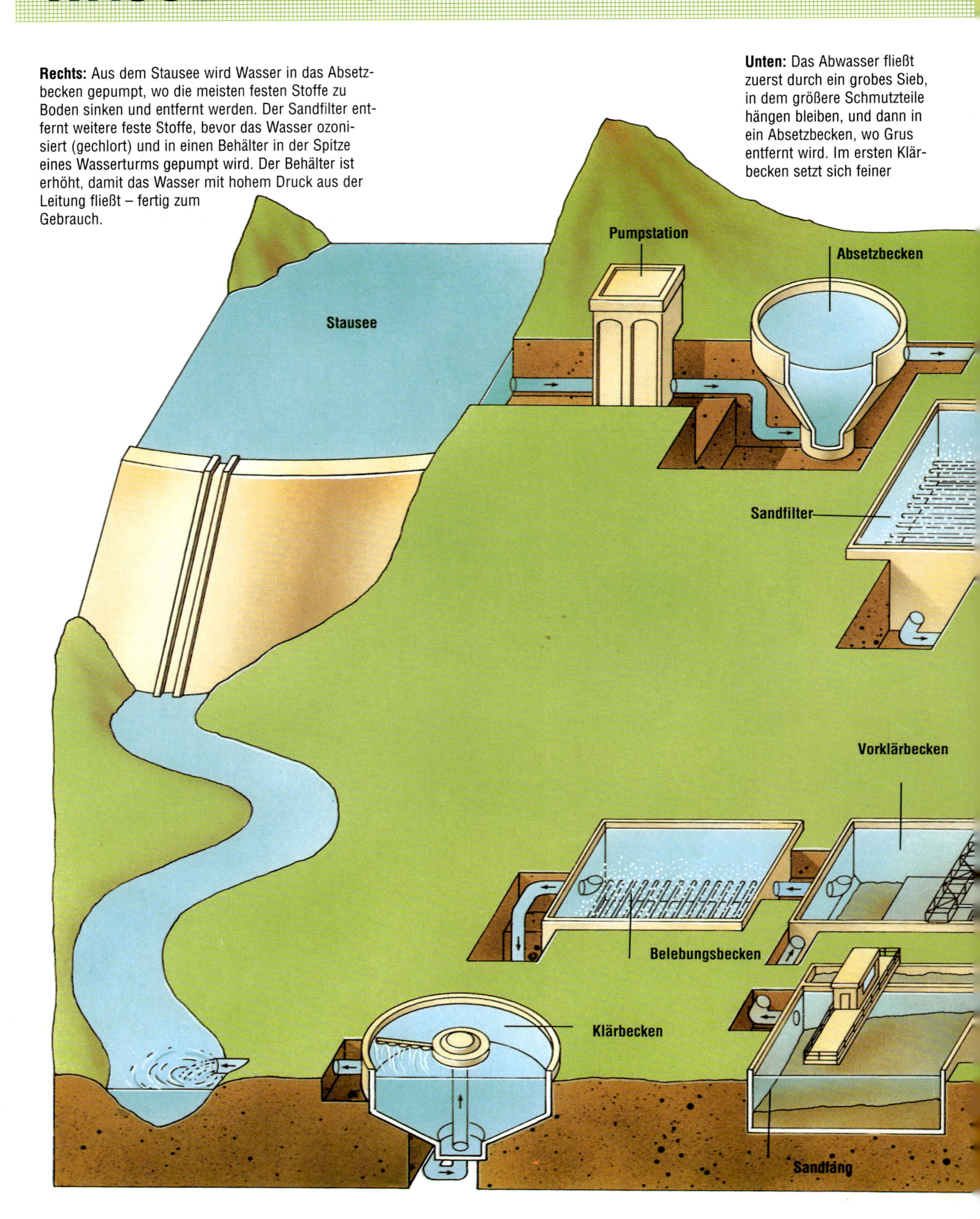

Rechts: Aus dem Stausee wird Wasser in das Absetzbecken gepumpt, wo die meisten festen Stoffe zu Boden sinken und entfernt werden. Der Sandfilter entfernt weitere feste Stoffe, bevor das Wasser ozonisiert (gechlort) und in einen Behälter in der Spitze eines Wasserturms gepumpt wird. Der Behälter ist erhöht, damit das Wasser mit hohem Druck aus der Leitung fließt – fertig zum Gebrauch.

Unten: Das Abwasser fließt zuerst durch ein grobes Sieb, in dem größere Schmutzteile hängen bleiben, und dann in ein Absetzbecken, wo Grus entfernt wird. Im ersten Klärbecken setzt sich feiner

Stausee

Pumpstation

Absetzbecken

Sandfilter

Vorklärbecken

Belebungsbecken

Klärbecken

Sandfang

WASSERVERSORGUNG

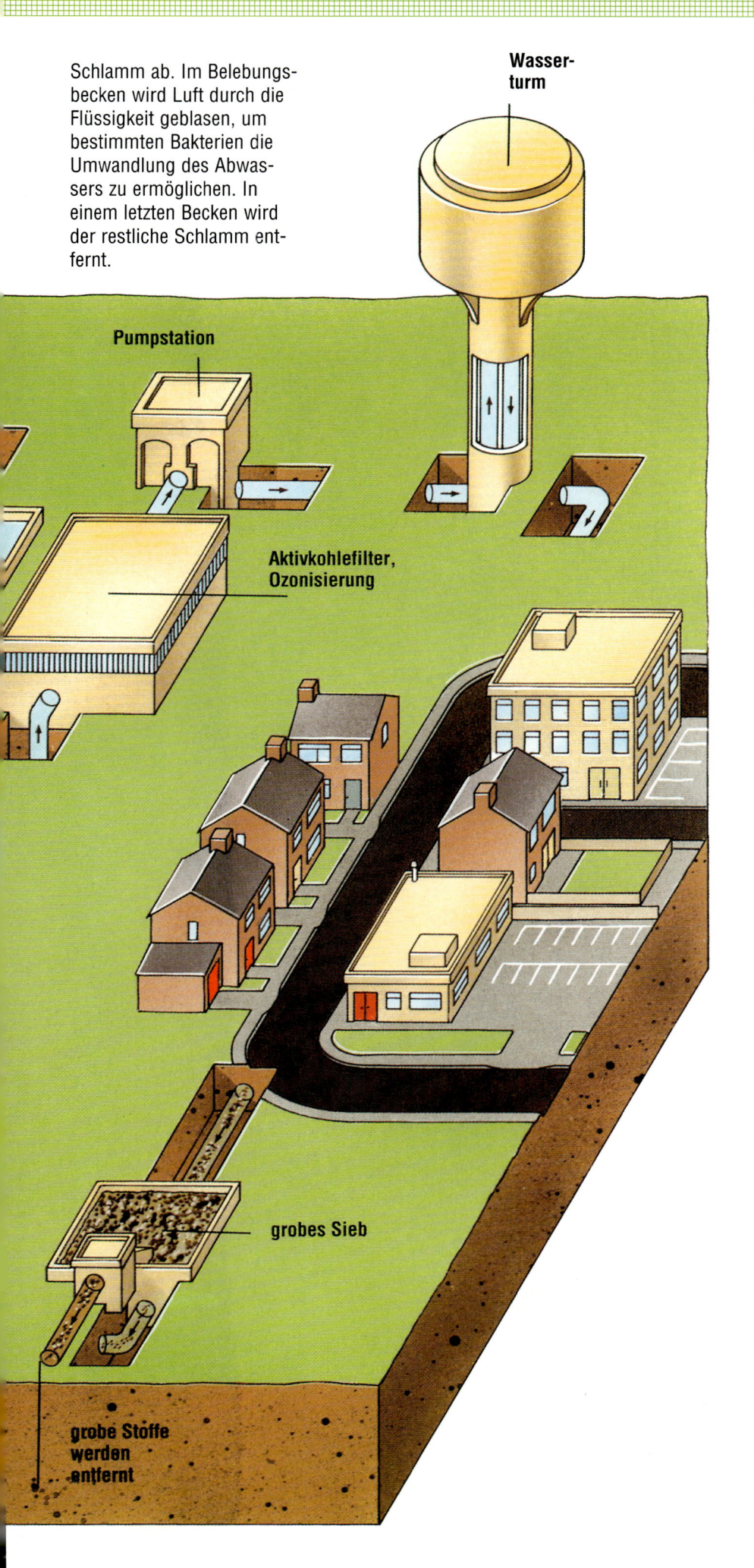

Schlamm ab. Im Belebungsbecken wird Luft durch die Flüssigkeit geblasen, um bestimmten Bakterien die Umwandlung des Abwassers zu ermöglichen. In einem letzten Becken wird der restliche Schlamm entfernt.

Wasserturm

Pumpstation

Aktivkohlefilter, Ozonisierung

grobes Sieb

grobe Stoffe werden entfernt

Städte und Ortschaften bekommen ihr Wasser häufig aus großen Stauseen. In diesen künstlichen Seen wird das Wasser hinter einem Staudamm zurückgehalten. Noch ist das Wasser kein Trinkwasser, es muß erst im Wasserwerk gereinigt werden, bevor es durch Leitungen in die Haushalte gepumpt wird.

Die erste Phase bei der Wasseraufbereitung heißt Flockung. Dem Wasser werden chemische Stoffe zugesetzt, z.B. Alaun (Aluminiumsulfat). Diese Zusätze bewirken, daß die Verunreinigungen im Wasser Flocken bilden. Nachdem sie entstanden sind, wird das Wasser in Absetzbecken gepumpt, wo die Teilchen zu Boden sinken und dann entfernt werden können.

In der nächsten Phase werden die übrigen Verunreinigungen in einem Sandfilter aufgefangen. Das Wasser wird hierzu in einen Tank gepumpt, dessen Boden mit feinem Sand bedeckt ist. Das Wasser läuft nun durch diese Sandschicht, es wird gefiltert und läßt auch feinste Schmutzteile zurück. Die letzte Phase in der Wasseraufbereitung dient dem Abtöten von Keimen und Bakterien. Dazu benutzt man Aktivkohlefilter, oder es wird Ozon eingeblasen.

Die Wasserwerke verwenden auch das Wasser aus tiefen Brunnen, das sogenannte Grundwasser. Es entsteht, wenn Regenwasser tief in den Boden eindringt. Auch das Grundwasser muß gereinigt werden, bevor man es trinken kann.

Das Abwasser aus den Haushalten fließt durch die Kanalisation in die Kläranlage. Hier wird das Abwasser zunächst in ein Becken geleitet, dort setzen sich die festen Stoffe auf dem Boden ab und können dann entfernt werden. Anschließend wird es in ein weiteres Becken gepumpt, dort werden Bakterien zugegeben. Diese fressen oder verdauen die Schmutzstoffe und wandeln sie in Wasser und Gas um. Nach ungefähr acht Stunden ist das Wasser wieder sauber genug und kann in einen Fluß oder ins Meer geleitet werden.

Die aus dem ersten Klärbecken entfernten festen Stoffe werden ebenfalls von Bakterien verdaut. Das Gas, das dabei entsteht, kann Generatoren antreiben und Strom produzieren, der wiederum die Kläranlage betreibt. Der zurückbleibende Klärschlamm kann als Dünger benutzt werden.

ENERGIE, KRAFT, WASSER

DER ELEKTROMOTOR

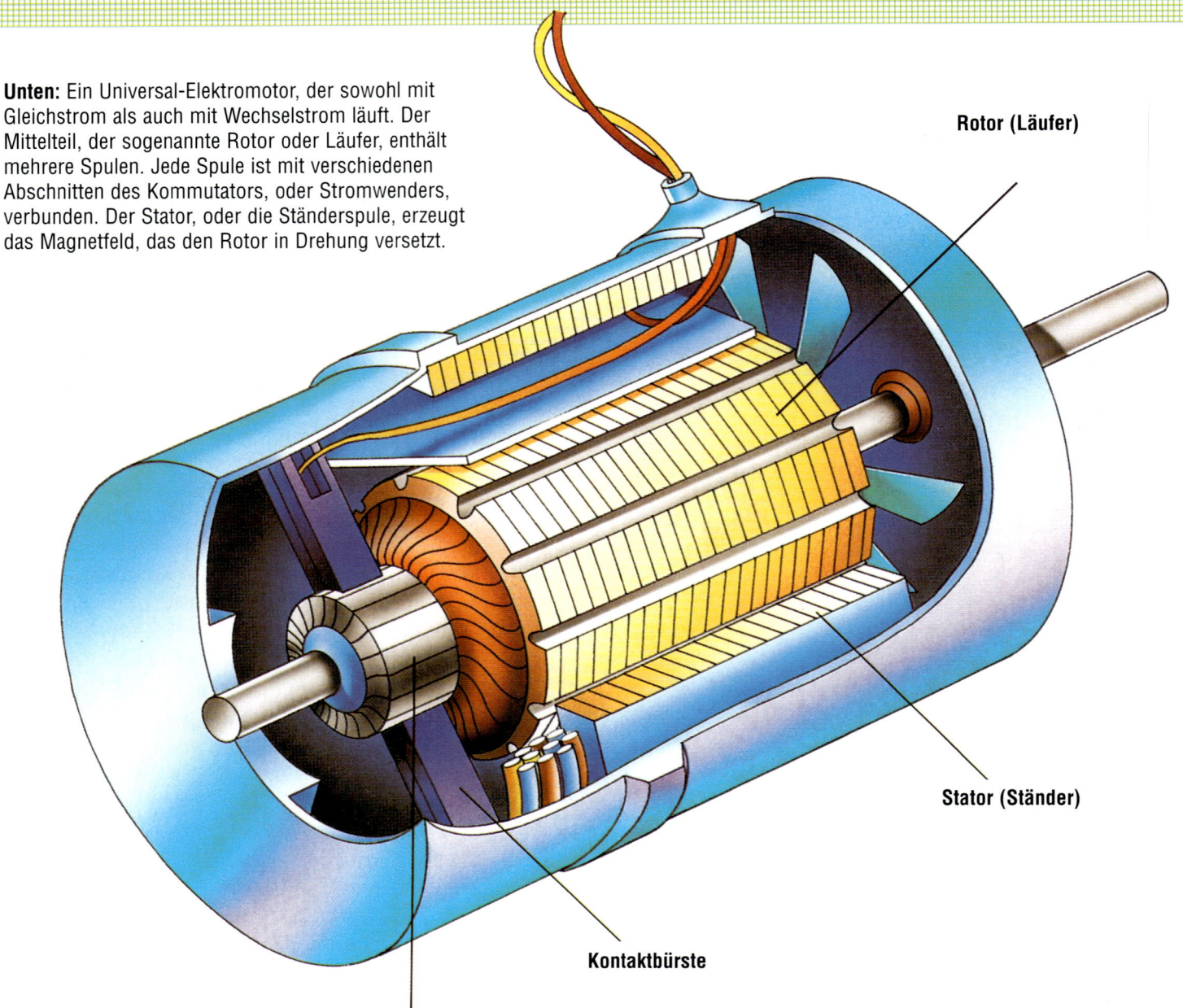

Unten: Ein Universal-Elektromotor, der sowohl mit Gleichstrom als auch mit Wechselstrom läuft. Der Mittelteil, der sogenannte Rotor oder Läufer, enthält mehrere Spulen. Jede Spule ist mit verschiedenen Abschnitten des Kommutators, oder Stromwenders, verbunden. Der Stator, oder die Ständerspule, erzeugt das Magnetfeld, das den Rotor in Drehung versetzt.

Rotor (Läufer)

Stator (Ständer)

Kontaktbürste

Kommutator (Stromumwandler)

Elektromotoren sind für Industrie und Haushalt unentbehrlich: Man findet sie in elektrischen Lokomotiven und Unterseebooten, in Mixern und elektrischen Zahnbürsten, in Industrierobotern und Kränen. Sie sind deshalb so nützlich, weil sie Elektrizität – eine saubere, bequeme Energiequelle – in Bewegung umsetzen.

Es gibt viele verschiedene Arten von Elektromotoren. Einige werden mit Gleichstrom betrieben, andere mit Wechselstrom.

Gleichstrom wird in Batterien erzeugt. Dabei fließt der Strom ständig nur in eine Richtung.

Wechselstrom wird von Kraftwerken erzeugt. Bei ihm ändert sich die Fließrichtung 50 Mal in der Sekunde.

Alle Motoren funktionieren, weil Elektrizität magnetische Wirkungen erzeugt. In den einfachsten Gleichstrommotoren sitzt eine Kupferwicklung zwischen den beiden Polen eines Dauermagneten. Wenn Strom durch die Spule fließt, wird sie selbst magnetisiert. Durch den Dauermagneten wird die magnetisierte Spule gedreht.

In einfachen Gleichstrommotoren muß der elektrische Strom durch einen sogenannten Kommutator oder Stromwechsler auf die Spule übertragen werden. Der Kommutator besteht aus zwei Metall-Halbkreisen, die an den Enden der Spule angebracht sind. Die Drähte, die die elektrische Batterie mit der Spule verbinden, drücken gegen die Metall-Halbkreise. Das führt dazu, daß

DER ELEKTROMOTOR

SCHEMA DES ELEKTROMOTORS

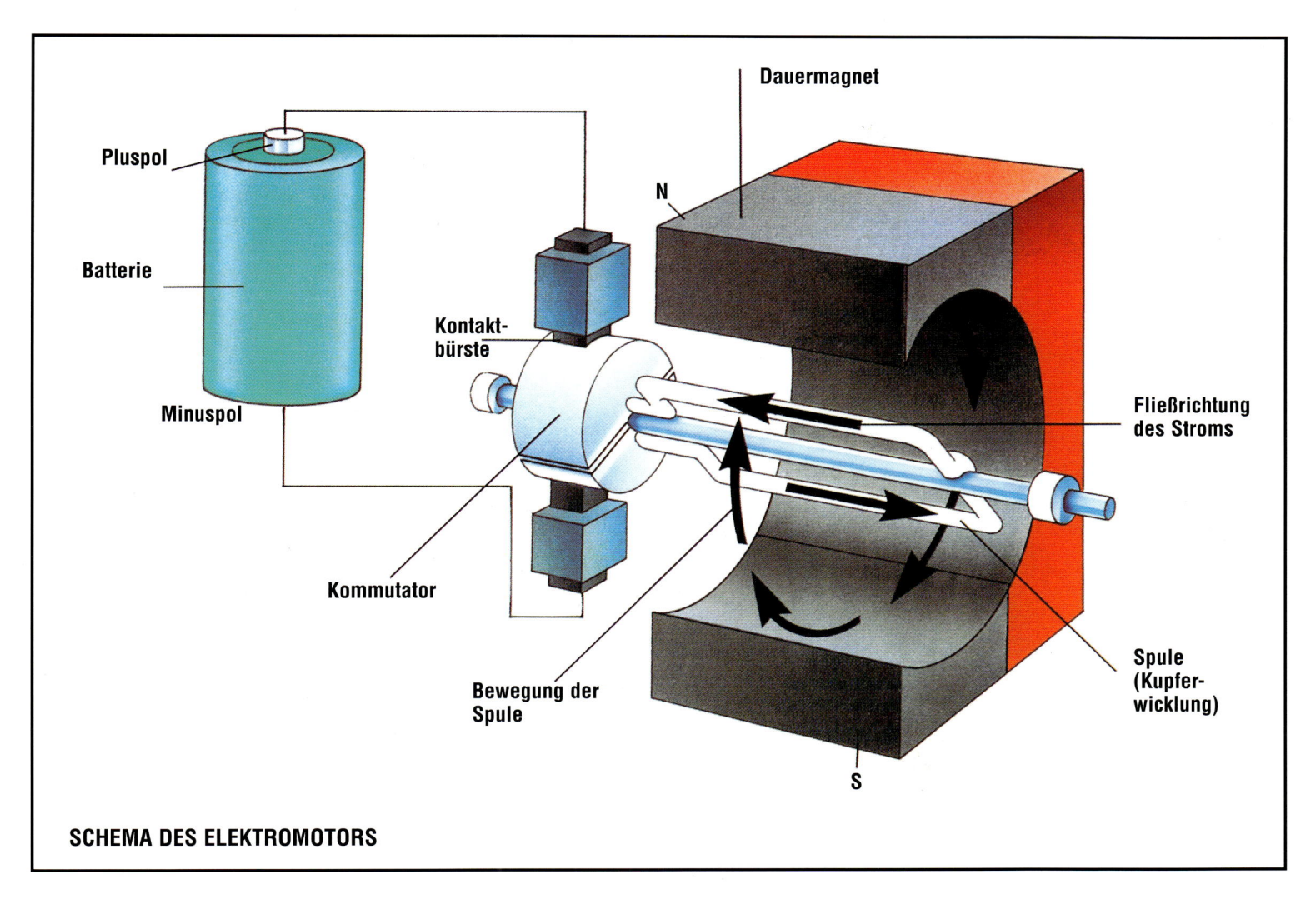

(Beschriftungen: Pluspol, Batterie, Minuspol, Kontaktbürste, Kommutator, Bewegung der Spule, Dauermagnet, N, S, Fließrichtung des Stroms, Spule (Kupferwicklung))

Oben: Ein einfacher Elektromotor. Dieser Motor verwendet Gleichstrom aus einer Batterie und einen Dauermagneten. Wenn die Verbindungen zur Batterie umgekehrt werden, dreht sich die Spule anders herum.

der Strom umgekehrt wird, nachdem die Spule eine halbe Drehung gemacht hat. Wenn der Kommutator nicht wäre, würde die Spule nach einer halben Drehung in waagerechter Position anhalten.

In größeren Motoren gibt es nicht nur eine, sondern viele Spulen, die jeweils ein Stück versetzt nebeneinander angebracht sind. Der Kommutator besitzt für jede Spule einen eigenen Abschnitt. Häufig ist auch der äußere Magnet ein Elektromagnet. Er wird Stator genannt. Große Motoren sind fast immer Drehstrommotoren. Sie laufen besonders leise und gleichmäßig. Sie haben keinen Kommutator, die drehbare Spule benötigt keinen eigenen Stromanschluß.

Oben: Elektromotoren treiben elektrische Eisenbahnen an. Die Stromversorgung geschieht entweder durch eine „dritte Schiene" neben dem normalen Gleispaar oder durch eine Oberleitung. Der ICE fährt auf speziellen Hochgeschwindigkeitsstrecken mit Geschwindigkeiten von 200 km/h oder sogar 250 km/h.

ENERGIE, KRAFT, WASSER

DER BENZINMOTOR

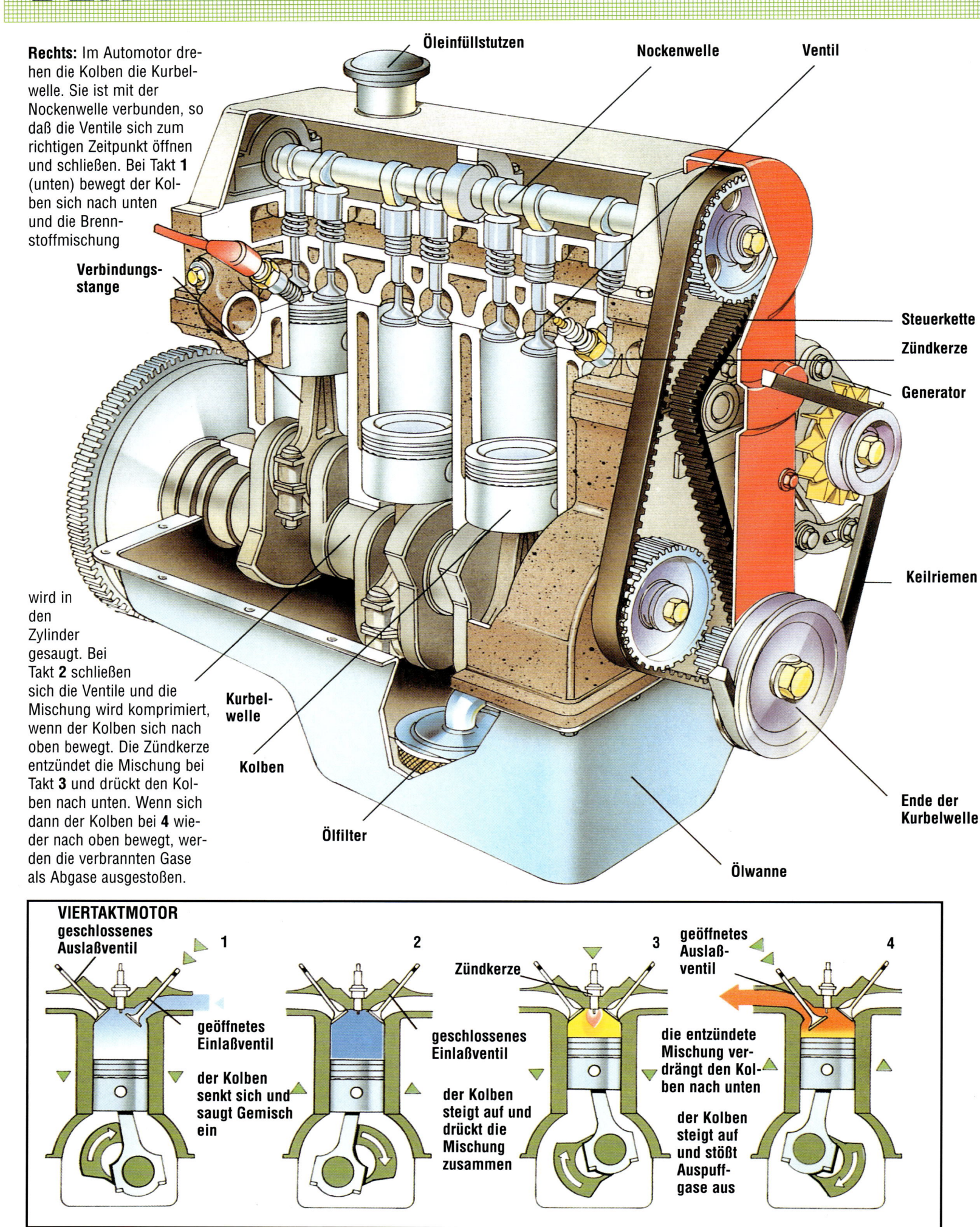

Rechts: Im Automotor drehen die Kolben die Kurbelwelle. Sie ist mit der Nockenwelle verbunden, so daß die Ventile sich zum richtigen Zeitpunkt öffnen und schließen. Bei Takt **1** (unten) bewegt der Kolben sich nach unten und die Brennstoffmischung wird in den Zylinder gesaugt. Bei Takt **2** schließen sich die Ventile und die Mischung wird komprimiert, wenn der Kolben sich nach oben bewegt. Die Zündkerze entzündet die Mischung bei Takt **3** und drückt den Kolben nach unten. Wenn sich dann der Kolben bei **4** wieder nach oben bewegt, werden die verbrannten Gase als Abgase ausgestoßen.

Öleinfüllstutzen
Nockenwelle
Ventil
Verbindungsstange
Steuerkette
Zündkerze
Generator
Keilriemen
Kurbelwelle
Kolben
Ölfilter
Ende der Kurbelwelle
Ölwanne

VIERTAKTMOTOR

1. geschlossenes Auslaßventil — geöffnetes Einlaßventil — der Kolben senkt sich und saugt Gemisch ein
2. geschlossenes Einlaßventil — der Kolben steigt auf und drückt die Mischung zusammen
3. Zündkerze — die entzündete Mischung verdrängt den Kolben nach unten
4. geöffnetes Auslaßventil — der Kolben steigt auf und stößt Auspuffgase aus

DER BENZINMOTOR

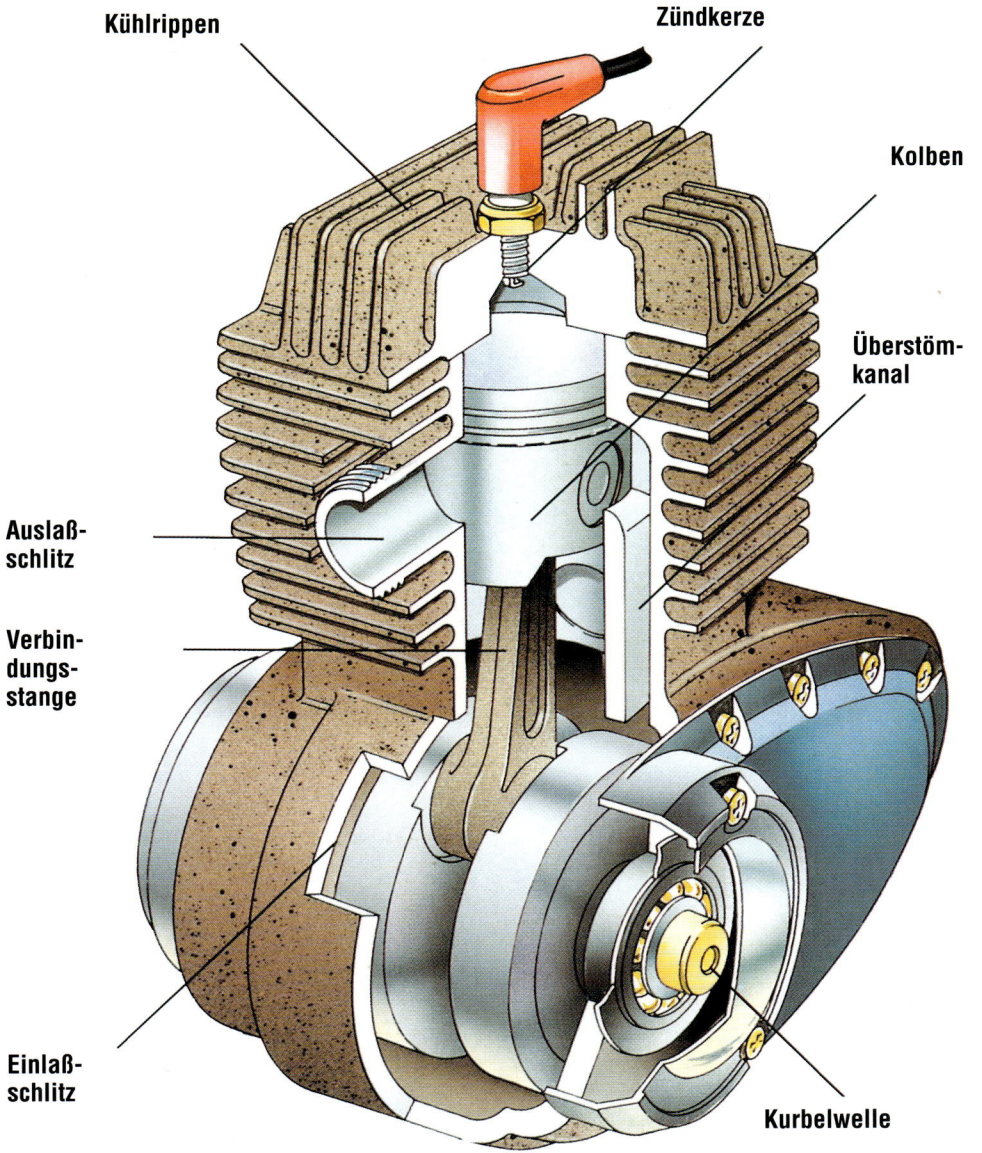

Kühlrippen
Zündkerze
Kolben
Überströmkanal
Auslaßschlitz
Verbindungsstange
Einlaßschlitz
Kurbelwelle

Oben: Der Zweitaktmotor ist klein und stark, aber er produziert Gestank und Luftverschmutzung, weil unverbrannter Brennstoff mit den Abgasen vermischt wird. Bei Takt **1** (unten) bewegt der Kolben sich nach oben und saugt die Kraftstoffmischung durch die Einlaßöffnung in den unteren Teil des Motors. Durch seine Bewegung nach oben komprimiert der Kolben die Mischung, die sich schon im Zylinder befindet. Ein Funke entzündet sie, wenn sie gänzlich komprimiert ist. Bei Takt **2** senkt sich der Kolben und drückt eine neue Brennstoffmischung durch die Verbindungsöffnung in den Zylinder. Der verbrannte Kraftstoff wird durch den Auspuff ausgestoßen.

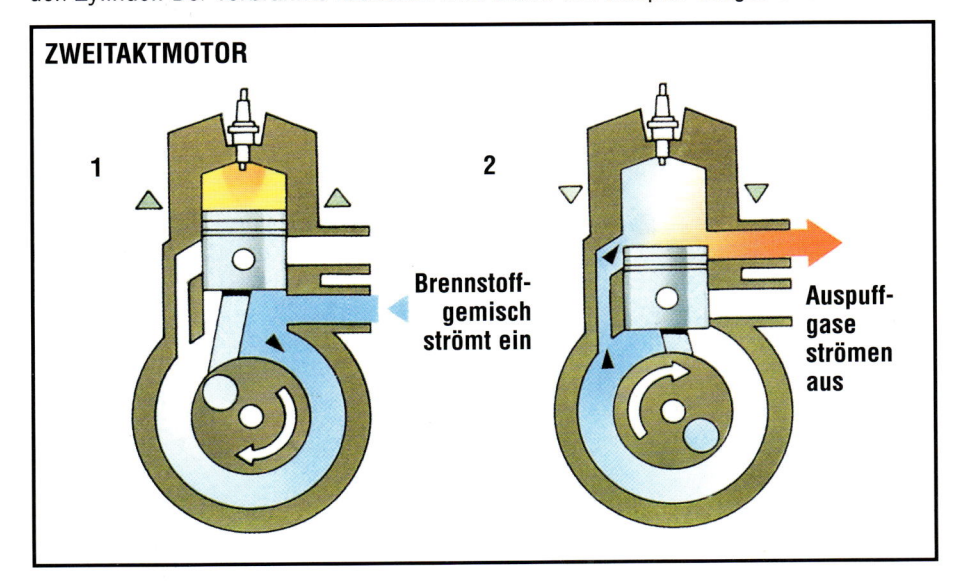

ZWEITAKTMOTOR

1 — **Brennstoffgemisch strömt ein**
2 — **Auspuffgase strömen aus**

Der Benzinmotor wird manchmal auch als „Verbrennungskraftmaschine" bezeichnet, weil Kraftstoff darin verbrannt wird. Benzin wird aus Rohöl gewonnen, es ist mit Luft vermischt leicht brennbar, und daher der meist benutzte Kraftstoff.

In einem Benzinmotor bewegt sich ein zylindrisches Metallstück, der sogenannte Kolben, in einer eng schließenden Röhre, dem Zylinder, auf und ab. Wenn sich der Kolben aufwärts bewegt, wird ein Gemisch aus Benzin und Luft komprimiert (zusammengedrückt). Das Benzin-Luft-Gemisch gelangt durch Einlaßventile am oberen Ende der Röhre hinein und verläßt diese durch Auslaßventile auf der gegenüberliegenden Seite.

Ist das Benzin-Luft-Gemisch voll komprimiert, zündet die Zündkerze einen Funken am oberen Ende des Zylinders. Das Gemisch explodiert, und die entstehenden Gase dehnen sich rasch aus, so daß der Kolben wieder in der Röhre hinuntergedrückt wird. Die Kolbenbewegung wird dazu genutzt, die Räder eines Autos, Motorrads oder eines anderen Fahrzeugs zu bewegen.

Die meisten Autos besitzen einen Viertaktmotor. Diese Maschinen erzeugen ihre Energie durch vier Bewegungen, oder Takte, des Kolbens. Viele Motorräder haben einen einfacheren Motorentyp, den Zweitaktmotor. Dieser benutzt zwei Bewegungen, oder Takte, des Kolbens zur Krafterzeugung.

Dem Viertaktmotor ähnlich ist der Dieselmotor, doch gelangt bei ihm zunächst nur Luft in den Zylinder. Nachdem die Luft komprimiert wurde, wird Dieselkraftstoff in den Zylinder gespritzt. Durch den hohen Druck ist die Luft so heiß geworden, daß kein Funke der Zündkerze mehr nötig ist, um das Brennstoff-Luft-Gemisch zu entzünden.

ENERGIE, KRAFT, WASSER

DAS DÜSENTRIEBWERK

Die Flugzeugtriebwerke, die große Verkehrsflugzeuge antreiben, nennt man Gasturbinen. In einer Gasturbine fließt ein heißes, sich ausdehnendes Gas über die Blätter einer Art „Windmühle", die man Turbine nennt, und bewirkt dabei, daß sich die Blätter drehen.

Gasturbinen werden benutzt, um Schiffe und Autos, aber auch elektrische Generatoren anzutreiben und um Gas in Pipelines zu pumpen.

Die Gasturbine, die für Verkehrsflugzeuge eingesetzt wird, nennt man Fan-Triebwerk. Sie funktioniert folgendermaßen: Zunächst saugt ein großer rotierender Ventilator Luft in den Vorderteil des Triebwerks. Ein Teil der Luft gelangt in einen Verdichter (Kompressor), bevor sie in die Brennkammer geleitet wird. Dann wird Brennstoff, z.B. Flugzeugkerosin, eingespritzt und in der Brennkammer gezündet. Das Brennstoff-Luft-Gemisch brennt heftig und erzeugt heiße Gase von sehr hoher Temperatur. Diese Gase dehnen sich aus und strömen in den hinteren Teil des Triebwerks. Auf diese Weise wird das Triebwerk und somit das Fahrzeug, mit dem es verbunden ist, angetrieben. Es ist falsch, obwohl dies häufig angenommen wird, daß die aus der Austrittsdüse strömenden Gase das Flugzeug vorantreiben. Tatsächlich wird der Vorwärts-Schub innerhalb des Triebwerks erzeugt, das vorwärtsgetrieben wird, wogegen aus der Austrittsdüse nur die verbrauchten Gase ausströmen.

Bevor die Gase aus dem Triebwerk austreten, durchströmen sie eine Turbine und bringen diese zu rascher Drehung. Die sich drehende Turbine treibt eine Achse an, die den Verdichter und den Einsaug-Ventilator betreibt.

Ein Teil der Luft, die vorn in die Maschine strömt, wird am Verdichter, der Brennkammer und der Turbine vorbeigeführt und gelangt sofort an das andere Ende des Triebwerks. Auch dieser Luftstrom schiebt das Flugzeug nach vorn. Er kühlt zusätzlich die Turbine und dämpft den Schall, den der heiße Abgasstrahl erzeugt.

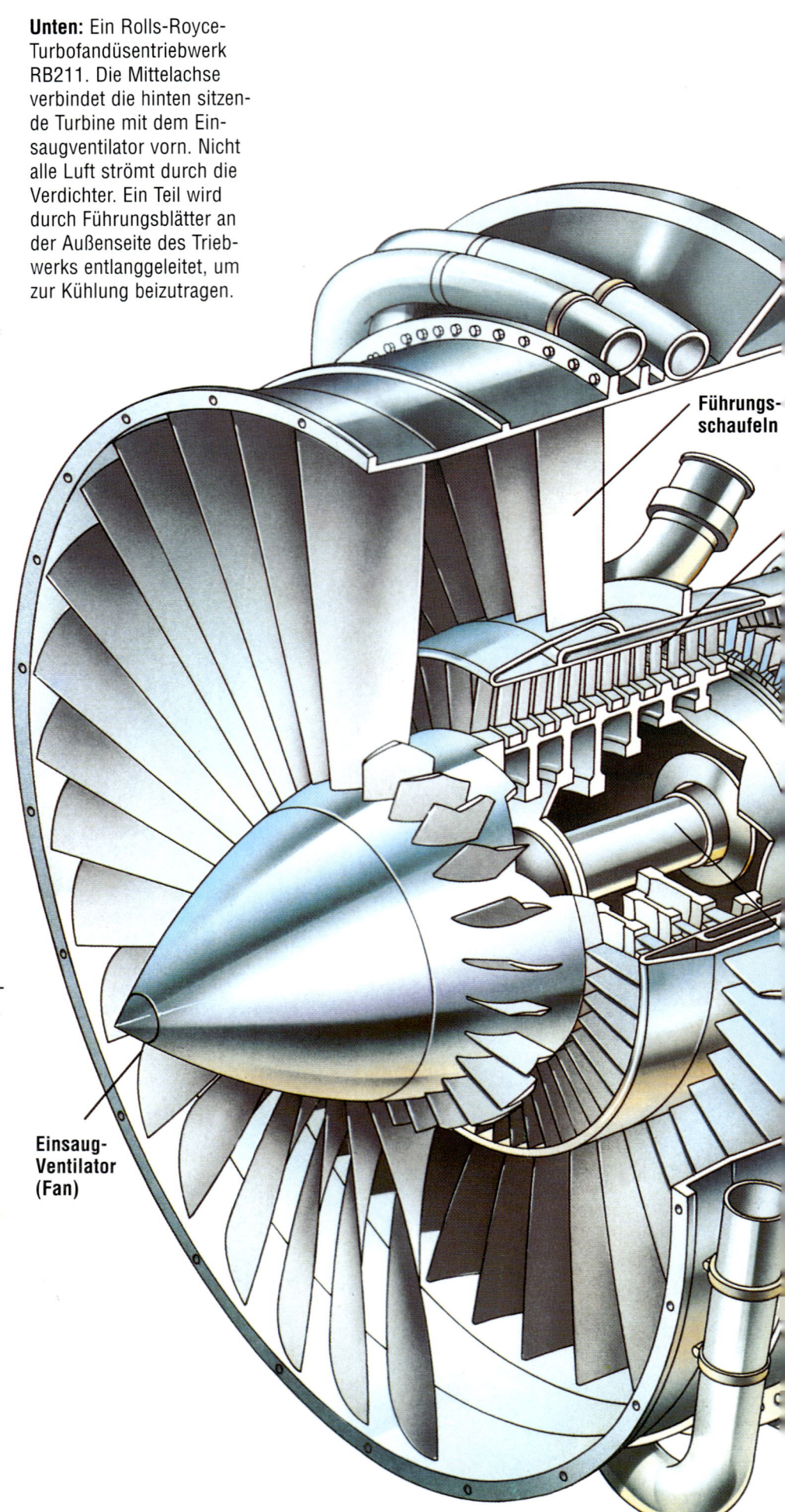

Unten: Ein Rolls-Royce-Turbofandüsentriebwerk RB211. Die Mittelachse verbindet die hinten sitzende Turbine mit dem Einsaugventilator vorn. Nicht alle Luft strömt durch die Verdichter. Ein Teil wird durch Führungsblätter an der Außenseite des Triebwerks entlanggeleitet, um zur Kühlung beizutragen.

Führungsschaufeln

Einsaug-Ventilator (Fan)

DAS DÜSENTRIEBWERK

Oben: Moderne Verkehrsflugzeuge wie die Boeing 747 benutzen Turbofan-Düsentriebwerke. Sie sind nicht so laut und verbrauchen weniger Brennstoff als die einfachen Turbostrahl-Triebwerke.

Unten: Das Turbostrahl-Triebwerk ist das einfachste Düsentriebwerk, anders als beim Turbofan strömt keine Luft um das Triebwerk. Es kann Flugzeuge bis zur Überschallgeschwindigkeit antreiben und wird für Jagdflugzeuge benutzt. Um noch zusätzlich Kraft zu erzeugen, kann ein Nachbrenner eingesetzt werden. Dabei wird Kraftstoff in die heißen Gase eingespritzt, wenn sie aus der Turbine austreten.

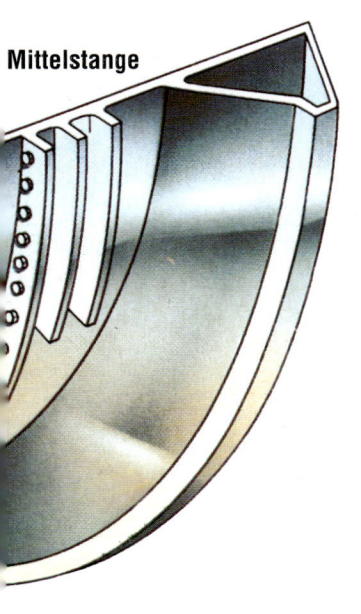

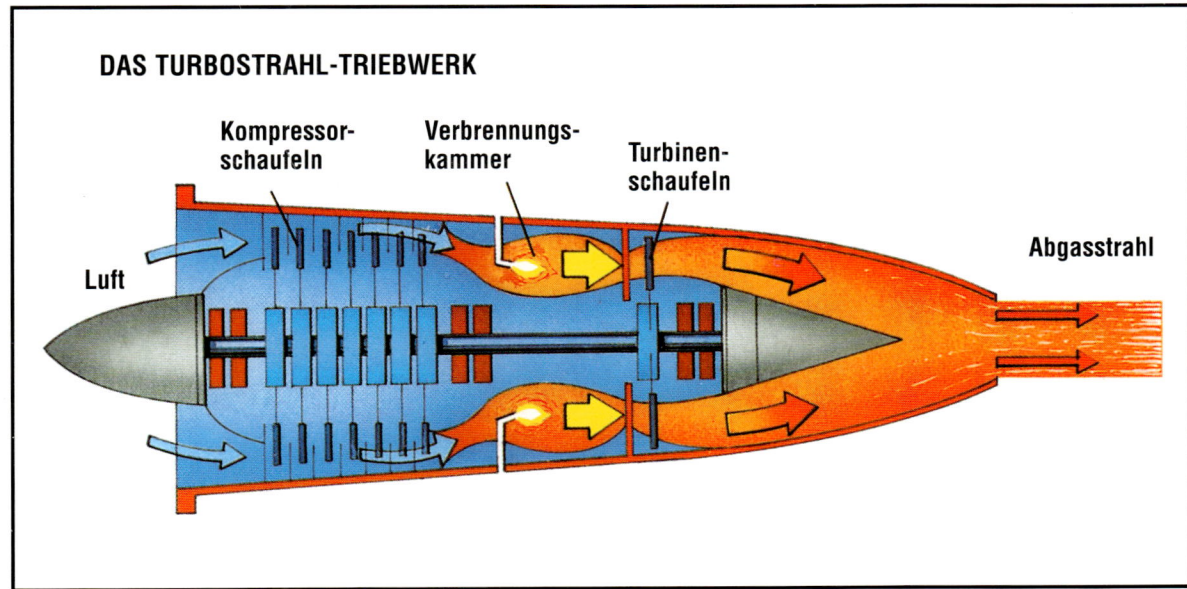

Brennstoffzuführung · Kompressorlüfter · Turbinenschaufeln · hitzebeständiger Kern · Verbrennungskammer · Mittelstange

DAS TURBOSTRAHL-TRIEBWERK

Luft · Kompressorschaufeln · Verbrennungskammer · Turbinenschaufeln · Abgasstrahl

UNTERWEGS

DAS AUTO

Ein modernes Auto ist eine komplizierte Maschine. Man kann es als eine Reihe verschiedener miteinander verbundener Systeme ansehen. Das erste wichtige System ist der Motor, der die Antriebskraft liefert. Die von ihm erzeugte Kraft wird dann durch ein Transmissionssystem auf die Räder übertragen. Ein Steuerungssystem dient der Lenkung des Autos, ein Bremssystem zum Anhalten. Schließlich unterstützt ein Federungs- und Dämpfungssystem den Wagen und ermöglicht auch auf unebener Straße eine ruhige Fahrt. Die Lichtmaschine erzeugt Elektrizität, die Batterie speichert diese, von ihr aus wird sie an die verschiedenen Stellen des Autos verteilt.

Das Transmissionssystem besteht aus Kupplung, Getriebe, Kardanwelle und Differential. Das Getriebe, mit Kupplung und Motor verbunden, setzt die schnellen Bewegungen, die vom Motor erzeugt werden, in die langsameren Bewegungen um, die gebraucht werden, um die Räder zu drehen. Die Kupplung ist nötig, um die Verbindung zwischen Motor und Getriebe zu unterbrechen, während von einem Gang in den anderen geschaltet wird. Die Kardanwelle überträgt die Kraft vom Getriebe auf die Räder, und zwar mit Hilfe des Differentials. Das Differential (Ausgleichsgetriebe) ist in der Mitte der Hinterradachse angebracht und sorgt dafür, daß die Hinterräder sich mit unterschiedlicher Geschwindigkeit drehen, wenn das Auto um die Ecke biegt. So wird ein Schleudern vermieden.

Für das Bremssystem wird hydraulische Kraft genutzt. Wenn der Fahrer das Bremspedal tritt, wird die Kraft über Hebel auf einen Ölzylinder übertragen. Das Öl überträgt die Kraft durch Leitungen auf die Bremsen. Der Öldruck treibt die Bremsschuhe gegen die Bremsscheiben und verlangsamt die Drehung der Räder.

Das Lenkungssystem besteht aus dem Lenkrad und einer Anzahl von Hebeln und Zahnrädern, die das Lenkrad mit den Vorderrädern verbinden.

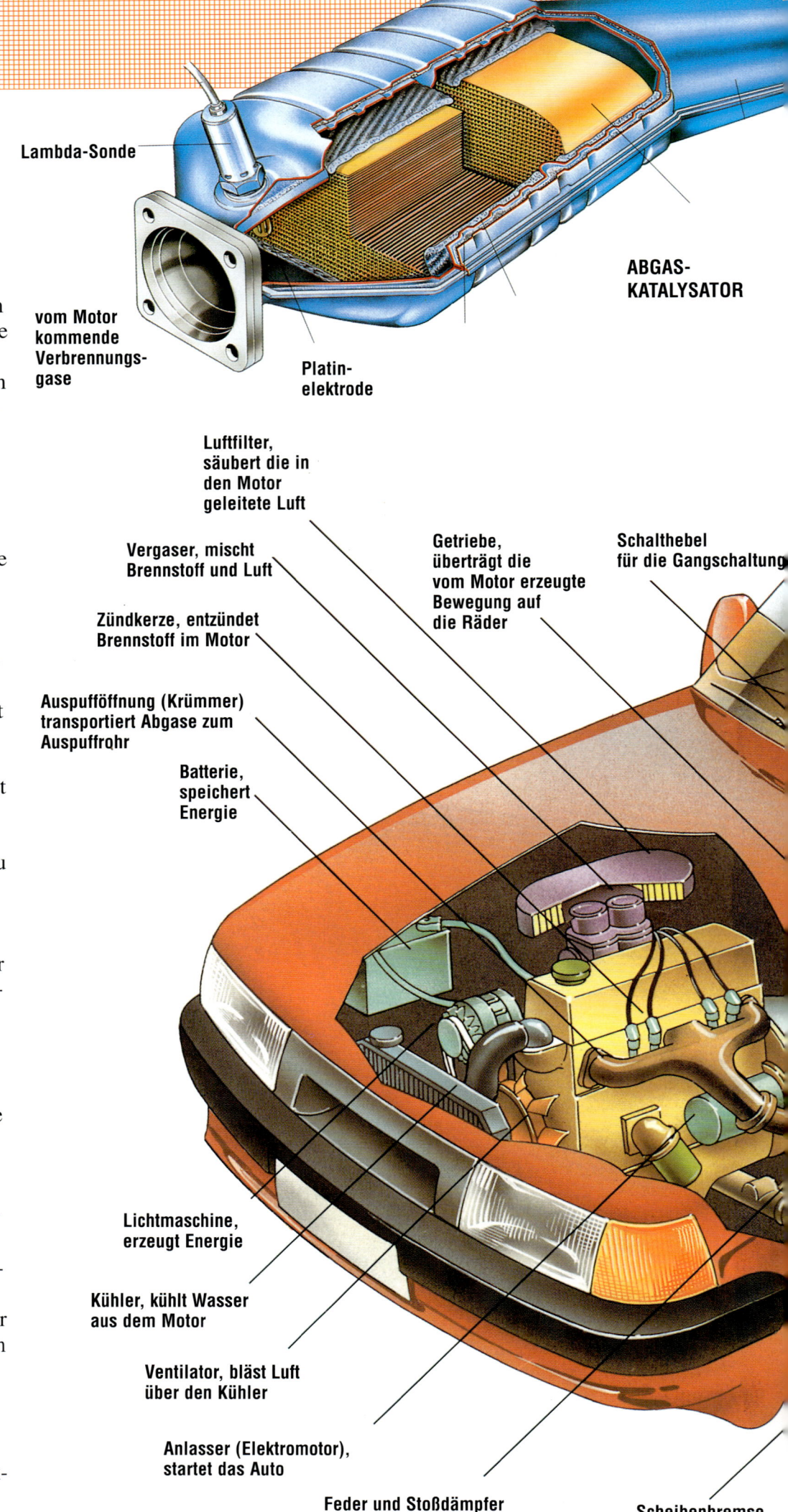

Lambda-Sonde

vom Motor kommende Verbrennungsgase

Platinelektrode

ABGAS-KATALYSATOR

Luftfilter, säubert die in den Motor geleitete Luft

Vergaser, mischt Brennstoff und Luft

Getriebe, überträgt die vom Motor erzeugte Bewegung auf die Räder

Schalthebel für die Gangschaltung

Zündkerze, entzündet Brennstoff im Motor

Auspufföffnung (Krümmer) transportiert Abgase zum Auspuffrohr

Batterie, speichert Energie

Lichtmaschine, erzeugt Energie

Kühler, kühlt Wasser aus dem Motor

Ventilator, bläst Luft über den Kühler

Anlasser (Elektromotor), startet das Auto

Feder und Stoßdämpfer

Scheibenbremse

DAS AUTO

Links: Aus Umweltschutzgründen ist seit geraumer Zeit ein Abgas-Katalysator in das Auspuffsystem eines Autos eingepaßt. Innen sitzen Metallwaben, die mit Katalysator-Materialien wie z.B. Platin oder Palladium beschichtet sind. Sie wandeln schädliche Abgase wie z.B. Kohlenmonoxid (CO), Stickoxide (Nox) und Kohlenwasserstoffe (HC) in Kohlendioxid (CO_2), Wasser (H_2O) und Stickstoff (N) um, die keine direkte schädliche Wirkung haben.

Kardanwelle überträgt Kraft auf die Hinterräder

Differential

Kraftstofftank

Stoßdämpfer für ruhige Fahrt

Blattfeder

Bremsleitung, verbindet Bremszylinder und Bremsen

Schalldämpfer, reduziert Abgaslärm

klappbare Lenksäule, für Sicherheit bei Unfällen

Bremszylinder, enthält Bremsflüssigkeit

Abgasleitung, transportiert Abgase

Links: Das Auto vereint eine Reihe von Systemen:
1. Auspuff: Krümmer, Auspuffrohr, Schalldämpfer (braun)
2. Transmissionssystem (Getriebe): Kupplung, Getriebe, Antriebswelle (Kardanwelle), Differential, Antriebshalbwelle (silber)
3. Bremssystem: Bremspedal, Zylinder, Bremsleitung, Scheibenbremse (rot)
4. Federung: Feder, Stoßdämpfer (orange)
5. Motorsystem: Motor, Vergaser, Luftfilter (gelb und violett)
6. Elektrisches System: Batterie, Kabel, Lichtmaschine (hellblau)
7. Lenkung: Lenkrad, Lenksäule, Verbindungen zu den Rädern (hellbraun)

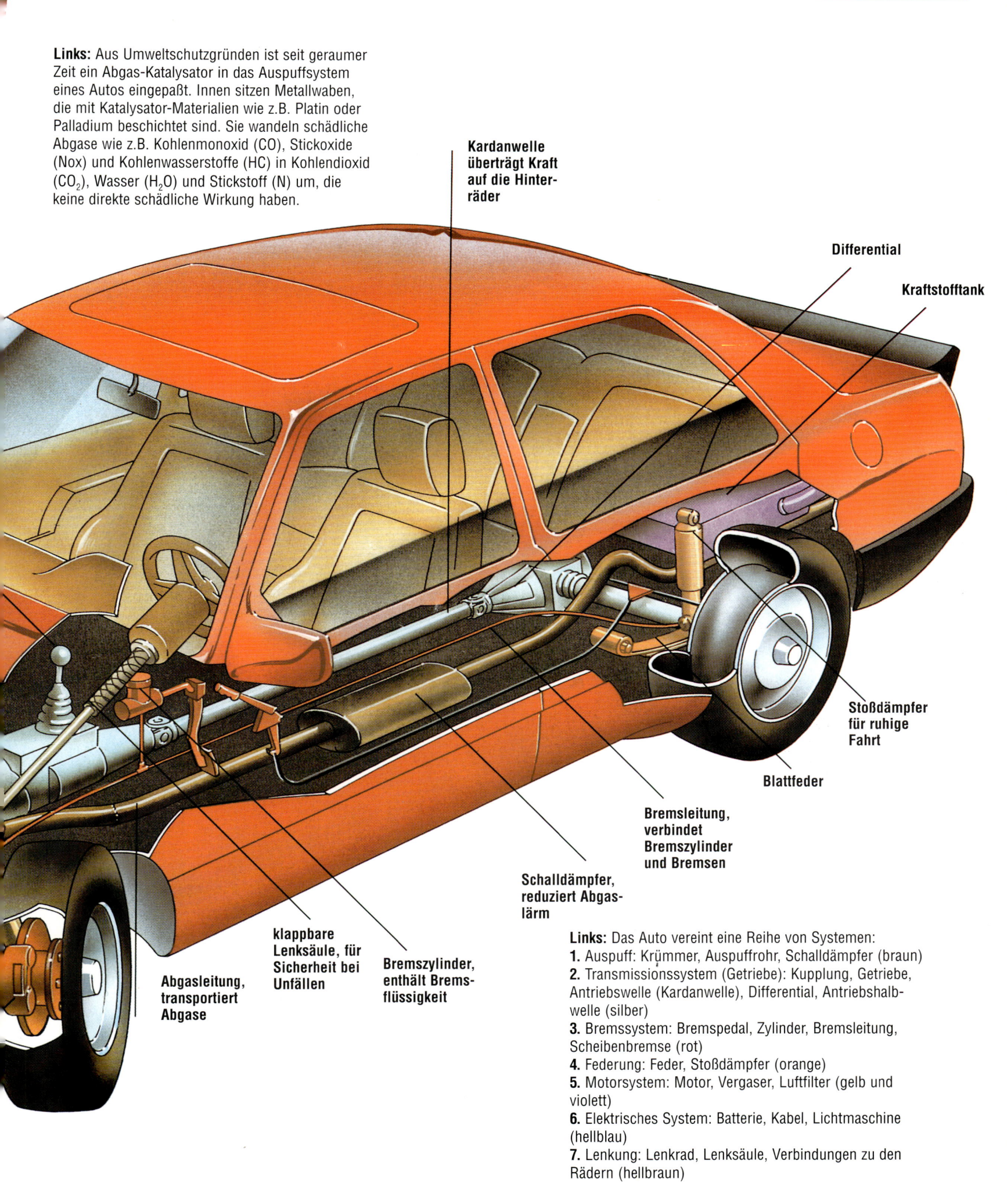

UNTERWEGS

SICHERHEIT IM AUTO

Moderne Autos sollen bequem sein und schnell fahren. Aber die Konstrukteure haben auch daran gedacht, die Menschen im Fahrzeug bei einem Unfall zu schützen.

Weil es so viele Autos gibt, passiert in Deutschland etwa alle zwei Minuten ein Unfall. Die wichtigste Schutzvorrichtung im Auto ist der Sicherheitsgurt. Wenn ein Auto auf ein Hindernis prallt, bleibt es ruckartig stehen. Aber alle losen Gegenstände im Wageninnern bewegen sich weiter, sie scheinen nach vorne zu fliegen. Man kann sagen, dass sich eigentlich zwei Zusammenstöße ereignen: Zuerst prallt das Auto gegen das Hindernis, kurze Zeit später prallen die Wageninsassen, wenn sie nicht angeschnallt sind, gegen die Frontscheibe.

Beim Aufprall kann man sich nicht mit den Armen abstützen, aber der Gurt hält die Fahrzeuginsassen fest und bremst sie ab, damit sie nicht aufprallen. Der Gurt muss schräg über die Brust laufen. Unten muss der Gurt über die Beckenknochen greifen. Gurte müssen straff sitzen. Automatikgurte lassen sich langsam nach vorn ziehen und rollen sich von selbst ein. Bei einem Ruck halten diese Gurte den Fahrgast mit großer Kraft fest. Es besteht in Deutschland Anschnallpflicht auf allen Sitzplätzen im Auto. Für kleine Kinder gibt es spezielle Kindersitze.

Rennfahrer haben Vierpunktgurte (Hosenträgergurte), die beide Schultern festhalten, und tragen zusätzlich einen Sturzhelm. Das wäre für alle Autofahrer besonders sicher, aber wohl zu unbequem. Deshalb gibt es den Airbag. Ein Sensor erkennt, wenn es bei einem Aufprall zu einem starken Ruck kommt. Im Bruchteil einer Sekunde wird mit einer kleinen Sprengladung ein stabiler Sack aufgeblasen. Wenn der Kopf, der vom Gurt nicht festgehalten wird, nach vorn schlägt, prallt er auf den Airbag, der wie ein weiches Kissen wirkt. Der Gurtstraffer hat mit einer kleinen Sprengladung ein Rad in Drehung versetzt, das die Sicherheitsgurte straff zieht.

Bei einem Autounfall sind die Kopfstützen wichtig. Wenn ein fahrendes Auto gegen ein haltendes Auto stößt, wird das vordere Fahrzeug nach vorn geschoben. Die Kopfstützen fangen den Kopf ab, damit der Hals nicht überdehnt wird.

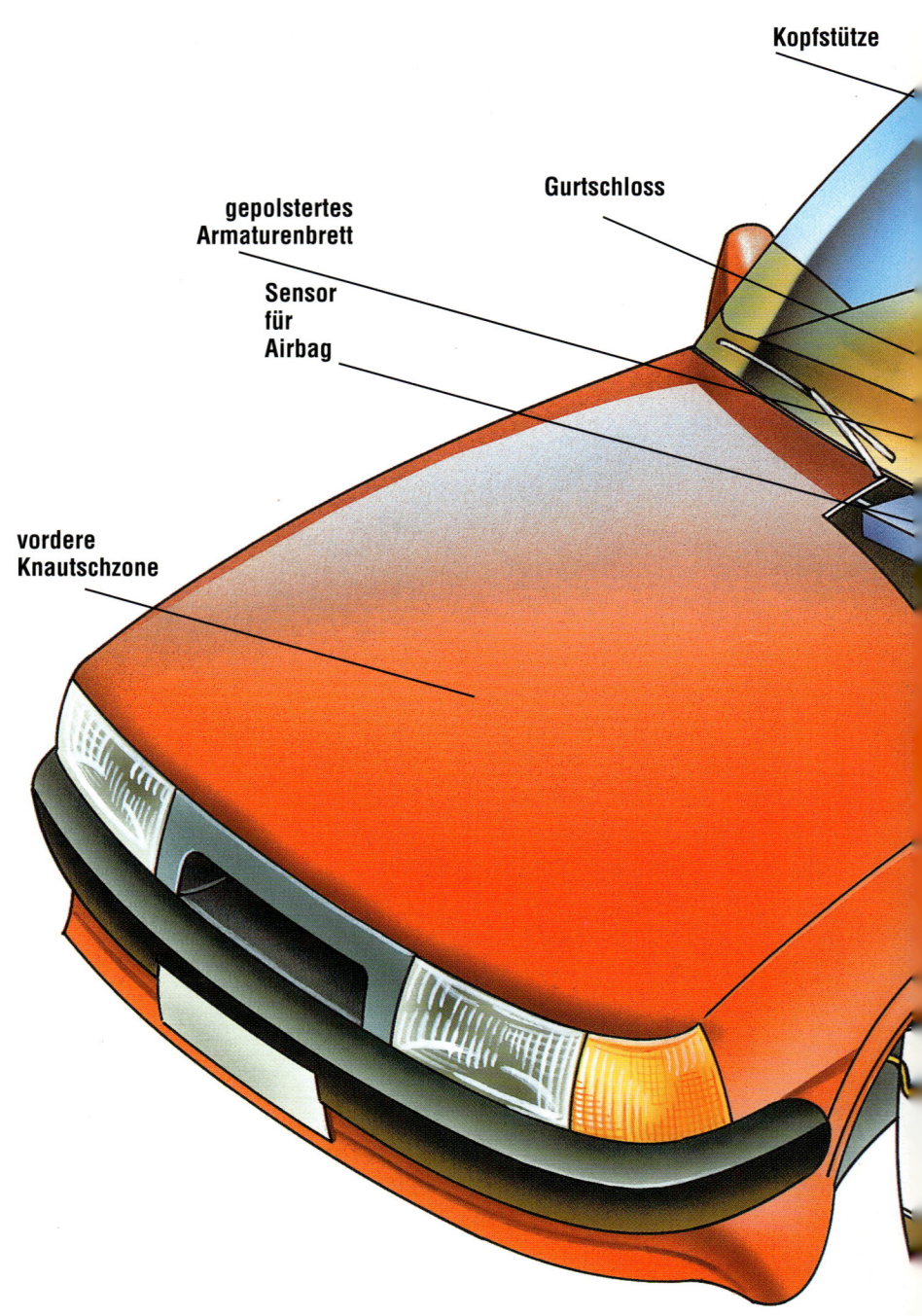

Kopfstütze
Gurtschloss
gepolstertes Armaturenbrett
Sensor für Airbag
vordere Knautschzone

Das Antiblockiersystem erkennt durch Sensoren, wenn die Räder sich bei einer Vollbremsung nicht mehr drehen. Bis zu 10 Mal pro Sekunde werden dann die Räder von der Bremsen blockiert und für einen Moment wieder freigegeben. Dadurch bleibt das Auto lenkbar und rutscht nicht geradeaus weiter.

SICHERHEIT IM AUTO

Links: Der Airbag liegt zusammengefaltet im Lenkrad. Ein Sensor erkennt den starken Ruck, der durch einen Aufprall entsteht. Aufgeblasen wird der Airbag explosionsartig mit einer kleinen Sprengladung. Dies darf nicht zu spät geschehen und auch nicht zu früh, weil sonst die Gase aus dem Airbag entweichen würden.

Der Innenraum eines Autos muss sehr stabil sein. Motorraum und Kofferraum sind so konstruiert, dass sie sich bei einem Unfall zusammenschieben können (Knautschzone). So wird der Aufprallruck etwas abgefangen. Weil es an der Seite keine Knautschzone gibt, ist in den Türen einen Seitenaufprallschutz eingebaut, der aus stabilen Rohren und einer Schaumstoff-Polsterung besteht. Es gibt auch Airbags für den Seitenschutz.

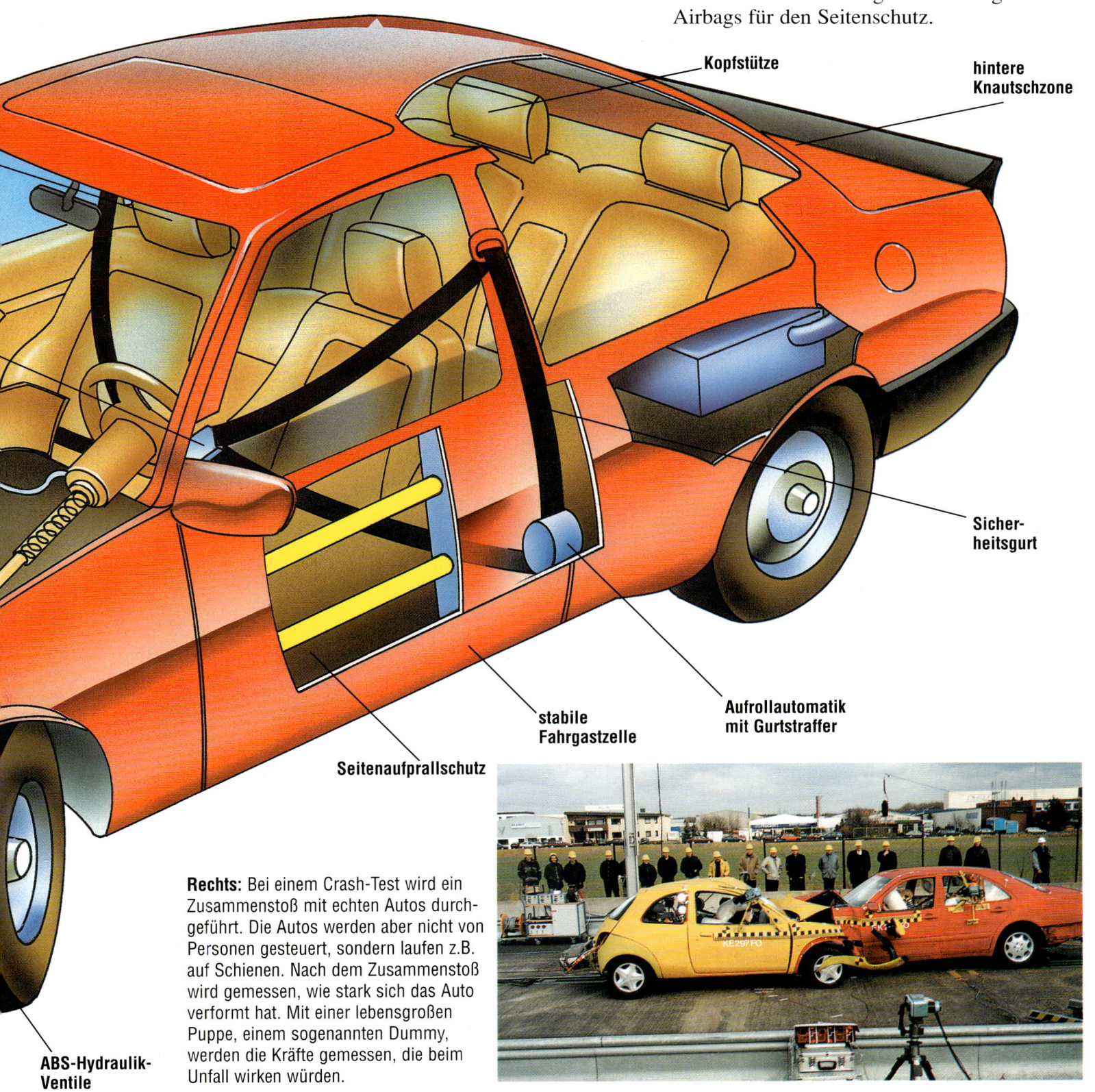

- Kopfstütze
- hintere Knautschzone
- Sicherheitsgurt
- Aufrollautomatik mit Gurtstraffer
- stabile Fahrgastzelle
- Seitenaufprallschutz
- ABS-Hydraulik-Ventile

Rechts: Bei einem Crash-Test wird ein Zusammenstoß mit echten Autos durchgeführt. Die Autos werden aber nicht von Personen gesteuert, sondern laufen z.B. auf Schienen. Nach dem Zusammenstoß wird gemessen, wie stark sich das Auto verformt hat. Mit einer lebensgroßen Puppe, einem sogenannten Dummy, werden die Kräfte gemessen, die beim Unfall wirken würden.

UNTERWEGS

DAS MOTORRAD

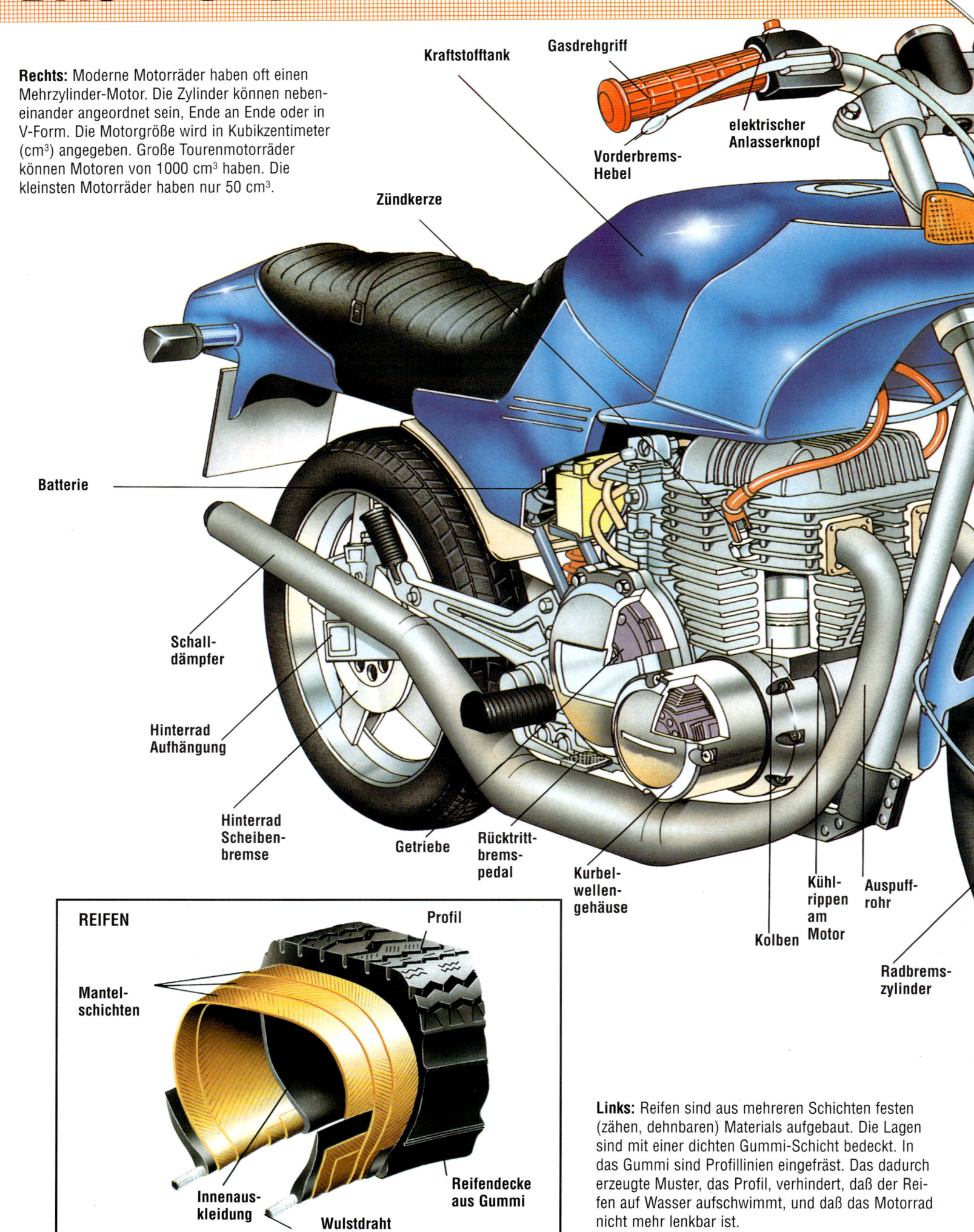

Rechts: Moderne Motorräder haben oft einen Mehrzylinder-Motor. Die Zylinder können nebeneinander angeordnet sein, Ende an Ende oder in V-Form. Die Motorgröße wird in Kubikzentimeter (cm^3) angegeben. Große Tourenmotorräder können Motoren von 1000 cm^3 haben. Die kleinsten Motorräder haben nur 50 cm^3.

Kraftstofftank
Gasdrehgriff
elektrischer Anlasserknopf
Vorderbrems-Hebel
Zündkerze
Batterie
Schalldämpfer
Hinterrad Aufhängung
Hinterrad Scheibenbremse
Getriebe
Rücktrittbremspedal
Kurbelwellengehäuse
Kolben
Kühlrippen am Motor
Auspuffrohr
Radbremszylinder

REIFEN

Profil
Mantelschichten
Reifendecke aus Gummi
Innenauskleidung
Wulstdraht

Links: Reifen sind aus mehreren Schichten festen (zähen, dehnbaren) Materials aufgebaut. Die Lagen sind mit einer dichten Gummi-Schicht bedeckt. In das Gummi sind Profillinien eingefräst. Das dadurch erzeugte Muster, das Profil, verhindert, daß der Reifen auf Wasser aufschwimmt, und daß das Motorrad nicht mehr lenkbar ist.

DAS MOTORRAD

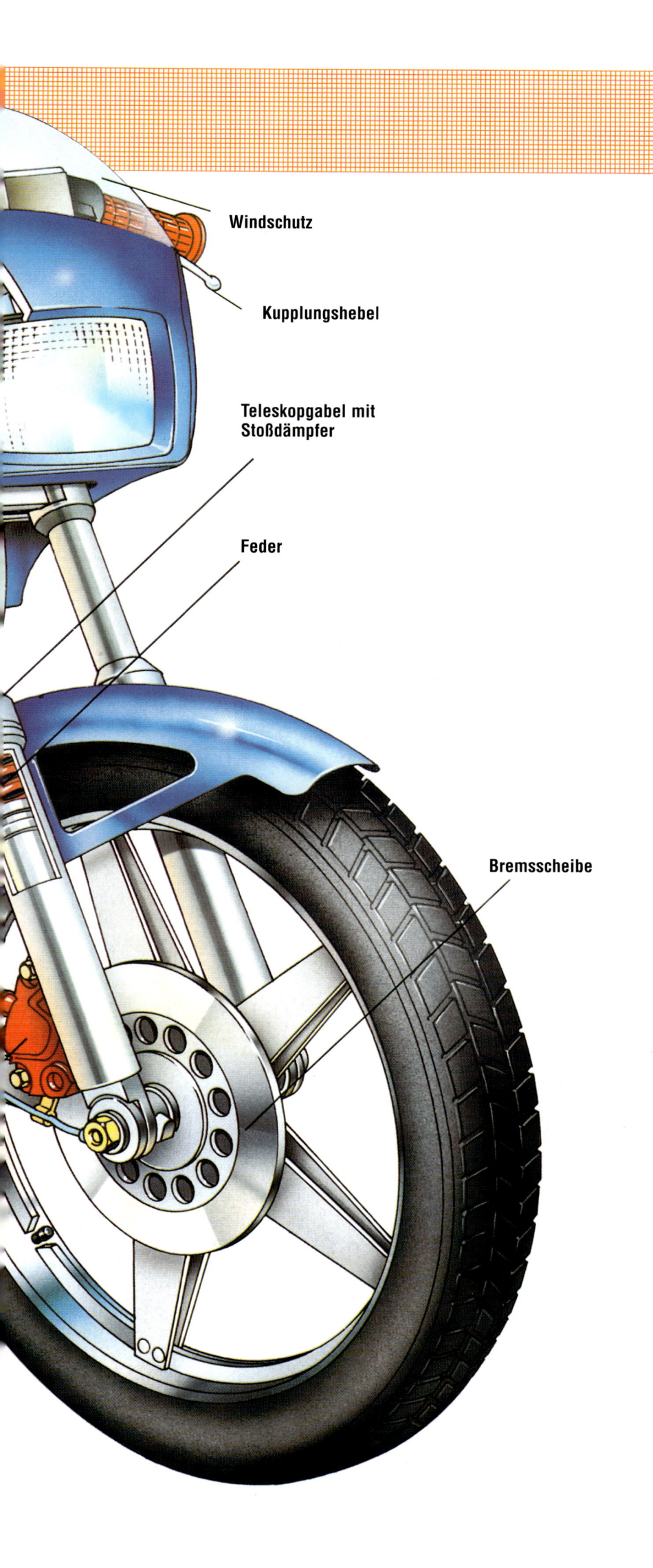

- Windschutz
- Kupplungshebel
- Teleskopgabel mit Stoßdämpfer
- Feder
- Bremsscheibe

Das erste Motorrad wurde 1869 von zwei Franzosen gebaut, den Brüdern Ernest und Pierre Michaux. Hinter dem Sattel eines Fahrrads hatten sie eine kleine Dampfmaschine angebracht. Dem Fahrer muß es ziemlich heiß unter dem Hosenboden geworden sein! Erst im Jahre 1901 fertigten wiederum zwei Brüder aus Frankreich, Michel und Eugène Werner, eine verbesserte Maschine. Der Motor befand sich zwischen den Rädern, und der Tank oberhalb des Motors. Dank dieser Anordnung konnte man die Maschine leichter lenken, da sie nicht mehr hinterlastig war und leicht hochkippte. Andere Hersteller ahmten dieses Design schnell nach und es wurde im Prinzip bis heute beibehalten.

Kleine Motorräder besitzen in der Regel kleine Einzylinder-Zweitakter-Motoren. Größere Maschinen haben häufig Vierzylinder-Viertakt-Motoren.

Der Motor ist mit Kupplung und Getriebe verbunden. Wie beim Auto auch wird mit Hilfe des Getriebes die Geschwindigkeit der Motorbewegung verlangsamt und auf die Räder übertragen. Die Kupplung dient dazu, den Motor vom Getriebe zu trennen, wenn der Gang gewechselt wird. Eine Kette oder ein Riemen überträgt die Getriebe-Kraft auf das Hinterrad.

Das Lenkungssystem ist ebenso einfach wie beim Fahrrad. Das Vorderrad steckt zwischen einer Metallgabel, die durch Bewegung der Lenkstange gelenkt wird. Auch die Federung, die die Fahrt ruhig macht, ist einfach. An den Rädern sind Stoßdämpfer mit Spiralfedern angebracht. Sie werden zusammengedrückt, wenn die Maschine auf der Straße über Unebenheiten fährt.

UNTERWEGS

DIE LOKOMOTIVE

Die ersten Lokomotiven wurden von Dampf betrieben. Heute benutzen die meisten Eisenbahnen Dieselmotoren, oder sie werden elektrisch betrieben.

In einer Dampfmaschine wird in einem Heizkessel Kohle verbrannt. Die dabei entstehenden heißen Gase srömen in Rohren durch einen Dampfkessel, wo sie Wasser erhitzen und Dampf erzeugen. Der Dampf wird durch ein Dampfregelventil geleitet, das der Lokomotivführer zur Geschwindigkeitskontrolle benutzt. Der Dampf wird auf sehr hohe Temperaturen erhitzt (überhitzt), dabei steigt auch der Druck. Er wird dann zum Zylinder geleitet. Dort dehnt sich der Hochdruckdampf aus und drückt einen Kolben durch den Zylinder. Der Kolben ist durch eine Reihe von Treibstangen mit den Rädern verbunden. Auf diese Weise bewirkt die Kolben-Bewegung, daß die Räder sich bewegen. Dann verläßt der Dampf den Zylinder und steigt im Schornstein auf, wobei er einen Zug erzeugt, der die Verbrennung im Kessel weiter kräftig anheizt.

Eine Diesel-Lok ist eigentlich eine Verbindung zwischen Dieselmotor und Elektromotor. Der Dieselmotor wird für den Antrieb eines Generators benutzt, der Elektrizität produziert. Die so entstandene Elektrizität betreibt mit den Rädern verbundene Elektromotoren. Diesel-Loks besitzen gegenüber Dampf-Loks zwei Hauptvorteile: zum einen sind sie immer einsatzbereit, wogegen es lange dauert, bis das Wasser in einer Dampf-Lok erhitzt ist. Zum anderen kann eine Diesel-Lok längere Strecken fahren, weil sie kein Wasser mitführen muß.

Elektrische Züge, die ihre Betriebs-Energie von elektrischen Oberleitungskabeln oder einem elektrifizierten Gleis erhalten, sind teuer. Sie werden nur dort eingesetzt, wo das hohe Fahrgast-Aufkommen die Ausgaben für den Bau spezieller Strecken rechtfertigt.

Unten: Der Dampf aus dem Kessel einer Dampf-Lok strömt in den Zylinder und drückt den Kolben heraus. Wenn der Kolben das Ende des Zylinders erreicht hat, bewegt sich das Kolbenventil und lenkt den Dampf an das andere Ende des Zylinders. Der Kolben wird in die ursprüngliche Position zurückgedrückt, und der Vorgang beginnt von neuem. Die Räder sind durch Treibstangen mit dem Kolben verbunden.

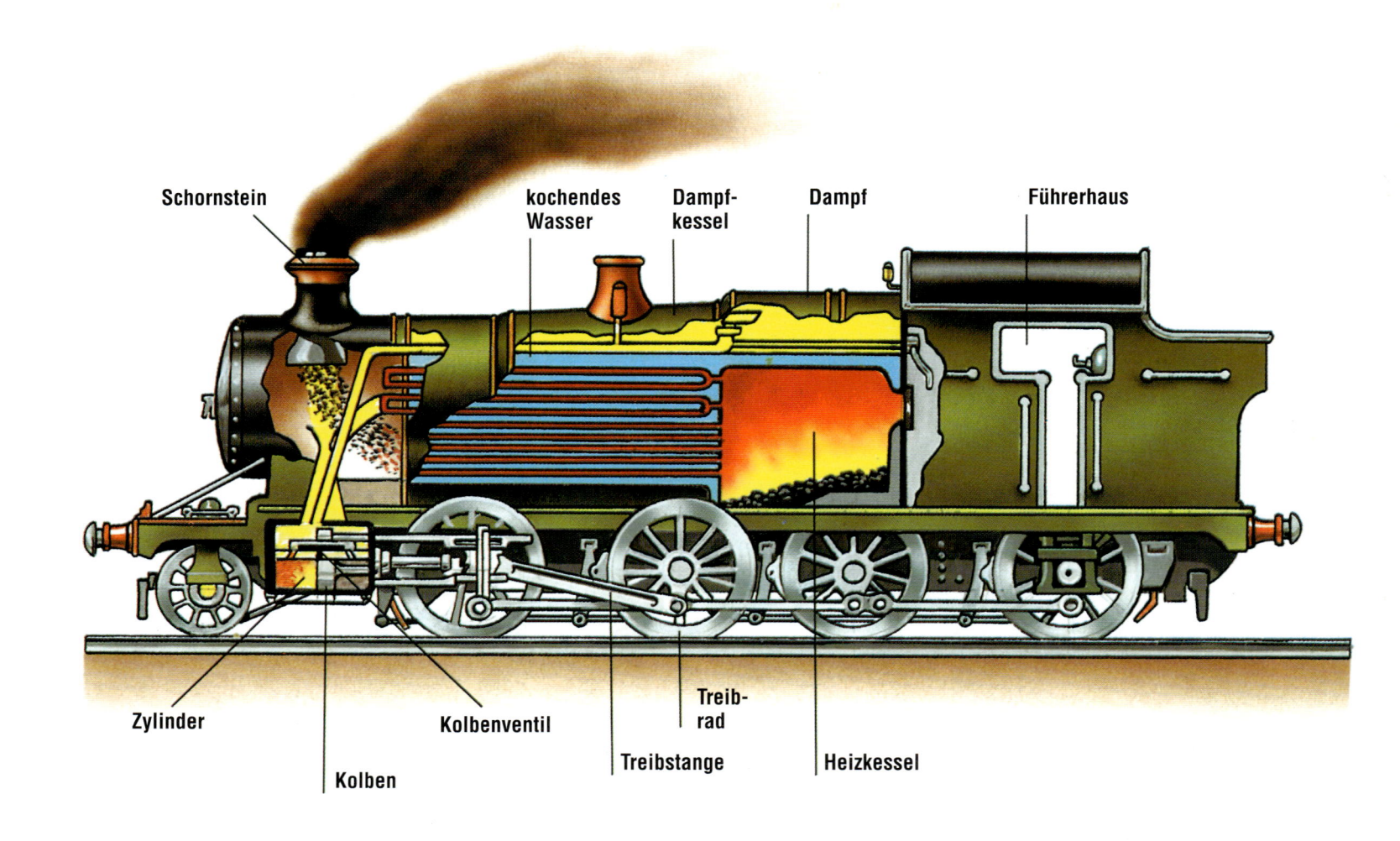

DIE LOKOMOTIVE

Unten: Die Zug- (oder Antriebs-)maschinen sitzen zwischen den Rädern einer Diesel-Lok. Es sind Elektromotoren, die mit der durch Generator und Dieselmotor produzierten Elektrizität betrieben werden.

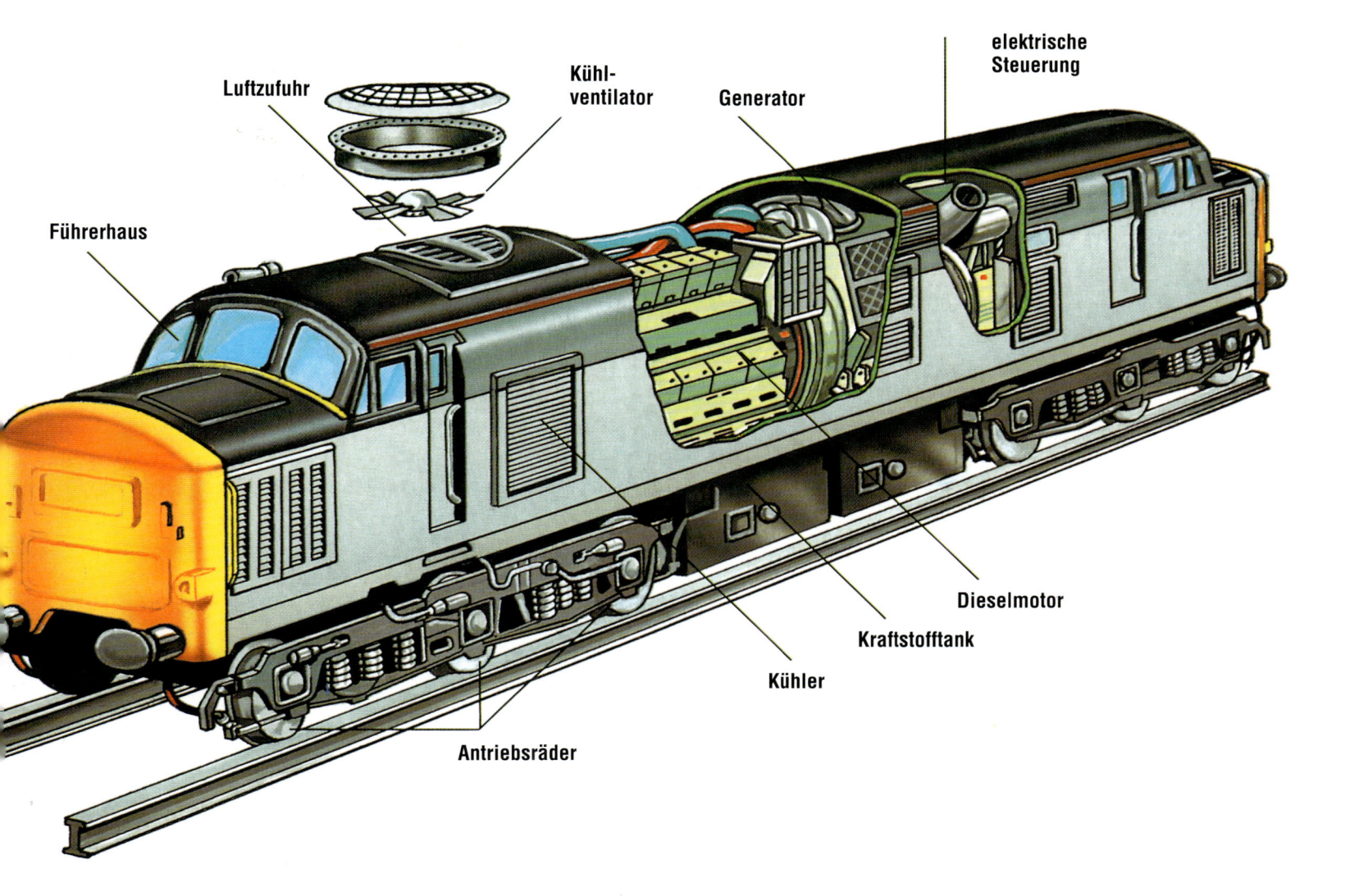

- Luftzufuhr
- Kühlventilator
- Generator
- elektrische Steuerung
- Führerhaus
- Dieselmotor
- Kraftstofftank
- Kühler
- Antriebsräder

Rechts: In vielen Großstädten werden elektrisch betriebene Züge benutzt, um Passagiere unter der Erde zu transportieren. Elektrisch betriebene Züge, die ihre Elektrizität aus besonderen Schienen oder Leitungen beziehen, eignen sich gut für Strecken, auf denen der Zug oft anhalten und wieder starten muß.

ELEKTRISCHE ZÜGE

UNTERWEGS

DAS FLUGZEUG

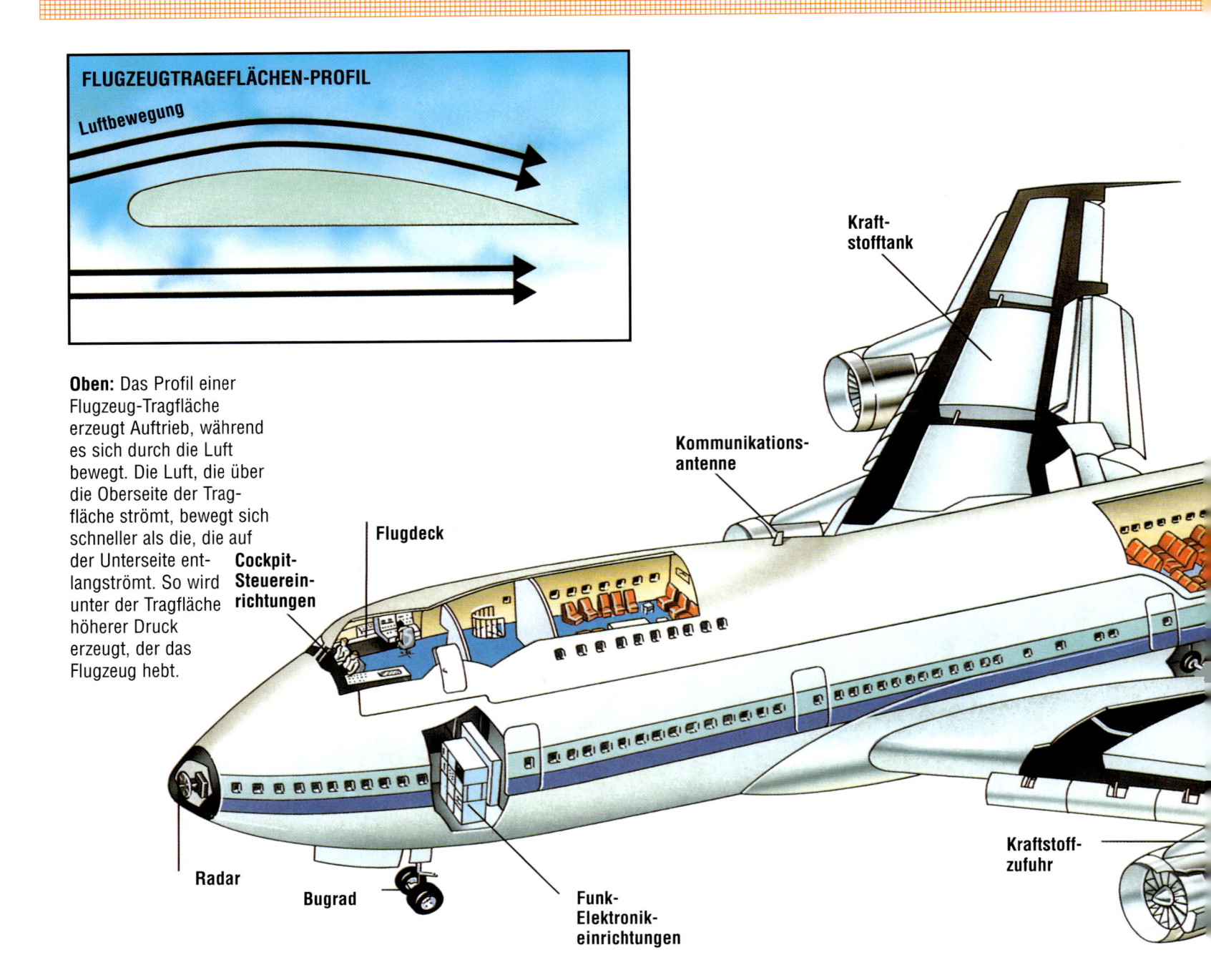

FLUGZEUGTRAGFLÄCHEN-PROFIL
Luftbewegung

Oben: Das Profil einer Flugzeug-Tragfläche erzeugt Auftrieb, während es sich durch die Luft bewegt. Die Luft, die über die Oberseite der Tragfläche strömt, bewegt sich schneller als die, die auf der Unterseite entlangströmt. So wird unter der Tragfläche höherer Druck erzeugt, der das Flugzeug hebt.

Kraftstofftank

Kommunikationsantenne

Flugdeck

Cockpit-Steuereinrichtungen

Radar

Bugrad

Funk-Elektronikeinrichtungen

Kraftstoffzufuhr

Wie hält sich ein Flugzeug in der Luft? Die Antwort lautet: Dies liegt an der Form seiner Tragflächen. Flugzeugtragflächen haben eine besondere Form, sie sind auf der Oberseite gewölbt und auf der Unterseite fast eben abgeflacht. Während das Flugzeug fliegt, strömt die Luft so über die Tragflächen, daß unter ihnen mehr Druck entsteht als über ihnen. Dadurch wird eine nach oben treibende Kraft geschaffen, der „Auftrieb". Außerdem sind die Tragflächen in einem leichten Winkel am Rumpf angebracht, so daß die Vorderseite des Tragflügels höher sitzt als die Rückseite. Wenn das Flugzeug sich bewegt, trifft Luft auf die Unterseite des Tragflügels und sorgt so für zusätzlichen Auftrieb.

Damit das Flugzeug gesteuert und an Höhe gewinnen kann, gibt es auf der Rückseite der Tragflächen und am Heck Klappen. Diese beweglichen Teile an den kleinen Heck-Tragflächen nennt man Höhenruder. Sie können auf und ab bewegt werden, um den Start- oder Landevorgang des Flugzeugs

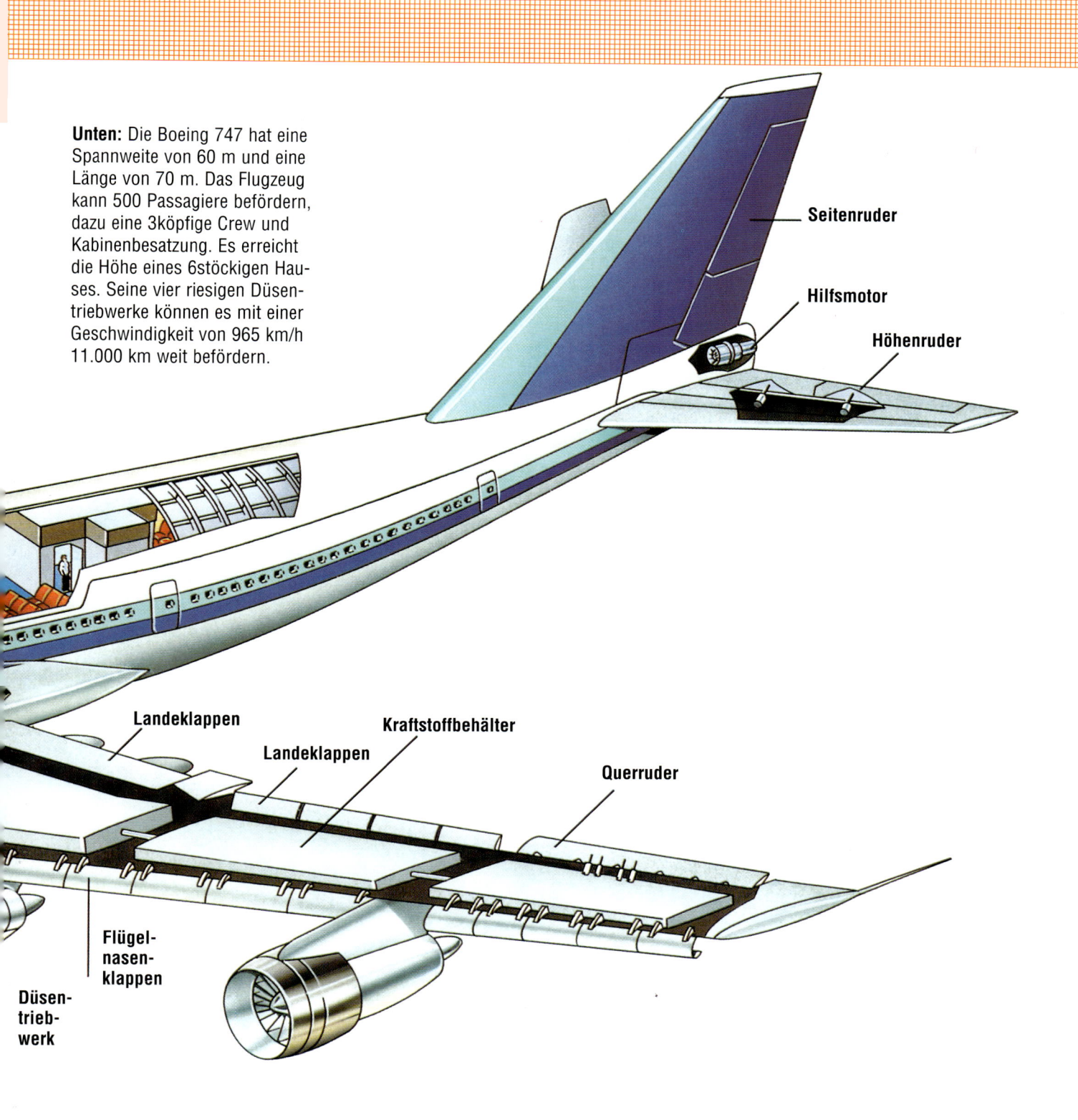

DAS FLUGZEUG

Unten: Die Boeing 747 hat eine Spannweite von 60 m und eine Länge von 70 m. Das Flugzeug kann 500 Passagiere befördern, dazu eine 3köpfige Crew und Kabinenbesatzung. Es erreicht die Höhe eines 6stöckigen Hauses. Seine vier riesigen Düsentriebwerke können es mit einer Geschwindigkeit von 965 km/h 11.000 km weit befördern.

Seitenruder
Hilfsmotor
Höhenruder
Landeklappen
Kraftstoffbehälter
Landeklappen
Querruder
Flügelnasenklappen
Düsentriebwerk

zu ermöglichen. An den Haupt-Tragflächen gibt es bewegliche Teile, die als Querruder bezeichnet werden, auch am Seitenleitwerk ist ein bewegliches Ruder. Querruder und Seitenruder werden zum Kurvenfliegen benutzt.

Um sicher zu landen, muß ein Flugzeug so langsam wie möglich fliegen. Doch wenn das Flugzeug zu langsam wird, kann es nicht mehr genügend Auftrieb erzeugen. Um dieses Problem zu beseitigen, sind bewegliche Deckel, sogenannte Landeklappen, an jeder Tragfläche zwischen den Querrudern und dem Flugzeugrumpf angebracht. Bei der Landung werden die Klappen gesenkt, um den Auftrieb der Tragflächen zu erhöhen.

Die meisten kleinen Flugzeuge werden durch Propeller, angetrieben. Der Propeller dreht sich mit hoher Geschwindigkeit und drückt dabei Luft nach hinten. So wird eine Vorwärtstriebkraft auf das Flugzeug wirksam. Größere Flugzeuge und leistungsstarke Militärflugzeuge haben Düsentriebwerke.

UNTERWEGS

DER HUBSCHRAUBER

Der Hubschrauber ist ein besonderes Flugzeug: Er kann in der Luft schweben und dort völlig ruhig verharren. Dies ist möglich, weil die Tragflügel sich in einem bestimmten Tempo in einer bestimmten Position weiterbewegen, wenn er in der Luft steht.

Die Schrauben (Drehflügel), die sich ständig drehen, solange der Hubschrauber in der Luft ist, sind seine Tragflügel. Die Drehflügel eines Hubschraubers haben genau wie die Tragflächen eines Flugzeugs ein Tragflügelprofil. Ihre Oberseite ist gewölbt, die Unterseite beinahe flach. Wenn sich die Drehflügel drehen, entsteht unter ihnen mehr Druck als darüber, und eine nach oben treibende Kraft wird wirksam.

Die Stärke des Auftriebs, der sich durch die Drehschrauben bildet, hängt von dem Winkel (Anstellwinkel) der Drehflügel ab, den sie während der Drehung einnehmen. Wenn die Vorderseite des Drehflügels höher ist als die Rückseite, wird mehr Auftrieb erzeugt als bei einem flach gestellten Drehflügel. Damit der Hubschrauber an Höhe gewinnt, erhöht der Pilot den Anstellwinkel der Drehflügel. Um den Hubschrauber abzusenken, vermindert der Pilot den Anstellwinkel. Um während einer Drehung vorwärts fliegen zu können, verändert der Pilot den Winkel der Drehflügel. Sobald der Drehflügel sich vom Heck zum Bug bewegt, wird sein Anstellwinkel erhöht. Wenn sich dann der Drehflügel von vorne nach hinten bewegt, wird der Winkel verringert. Auf diese Weise erzeugen die Drehflügel am Heck des Hubschraubers mehr Auftrieb als am Bug. So wird er vorwärtsgetrieben. Um rückwärts oder zur Seite zu fliegen, richtet der Pilot den Anstellwinkel der Drehflügel so ein, daß vorne bzw. auf einer Seite mehr Auftrieb entsteht.

Die meisten Hubschrauber besitzen am Heck noch einen weiteren Rotor. Dieser sorgt dafür, daß der Hubschrauber sich nicht ständig – gegenläufig zur Drehung der Drehschraube – in der Luft dreht.

Rechts: Der Westland/Aerospatiale Lynx wird von zwei Düsentriebwerken angetrieben und erreicht eine Höchstgeschwindigkeit von 290 km/h. Der Hauptrotor hat einen Durchmesser von 12,8 m. Pilot und Co-Pilot verfügen beide über Steuergeräte. Ein Hebel dient zur gleichmäßigen (kollektiven) Verstellung des Anstellwinkels aller Drehflügel des Hauptrotors gleichzeitig. Ein anderer Steuerhebel dient der zyklischen Verstellung der Drehflügel während der Drehung. Kontrollpedale steuern den Winkel am Heckrotor.

Pilotensitz

Hebel zur zyklischen Verstellung der Drehflügel

Steuerpedal für den Heckrotor

Co-Pilot Sitz

Rechts: Zum Anheben **(1)** wird der Hebel zur gleichmäßigen Verstellung hochgezogen. Der durch die Drehflügel erzeugte Antrieb ist stärker als das Gewicht (die Schwerkraft), und der Hubschrauber steigt auf. Um vorwärts zu fliegen **(2)**, wird der Hebel zur zyklischen Verstellung vorgezogen. So entsteht durch die Drehflügel am Heck höherer Auftrieb, wobei der Rotor gekippt wird, um einen Vorwärtsschub zu erreichen. Um rückwärts zu fliegen **(3)**, wird der Hebel zur zyklischen Verstellung zurückgeschoben und läßt den Rotor nach hinten kippen, um einen Rückwärtsschub zu bewirken. Zum Schweben **(4)** müssen die Auftriebskraft und die Schwerkraft gleich groß sein.

DER HUBSCHRAUBER

Steuermechanismus für den Anstellwinkel

Heckrotorantrieb

Höhenflosse

Düsentriebwerk

Heckrotor

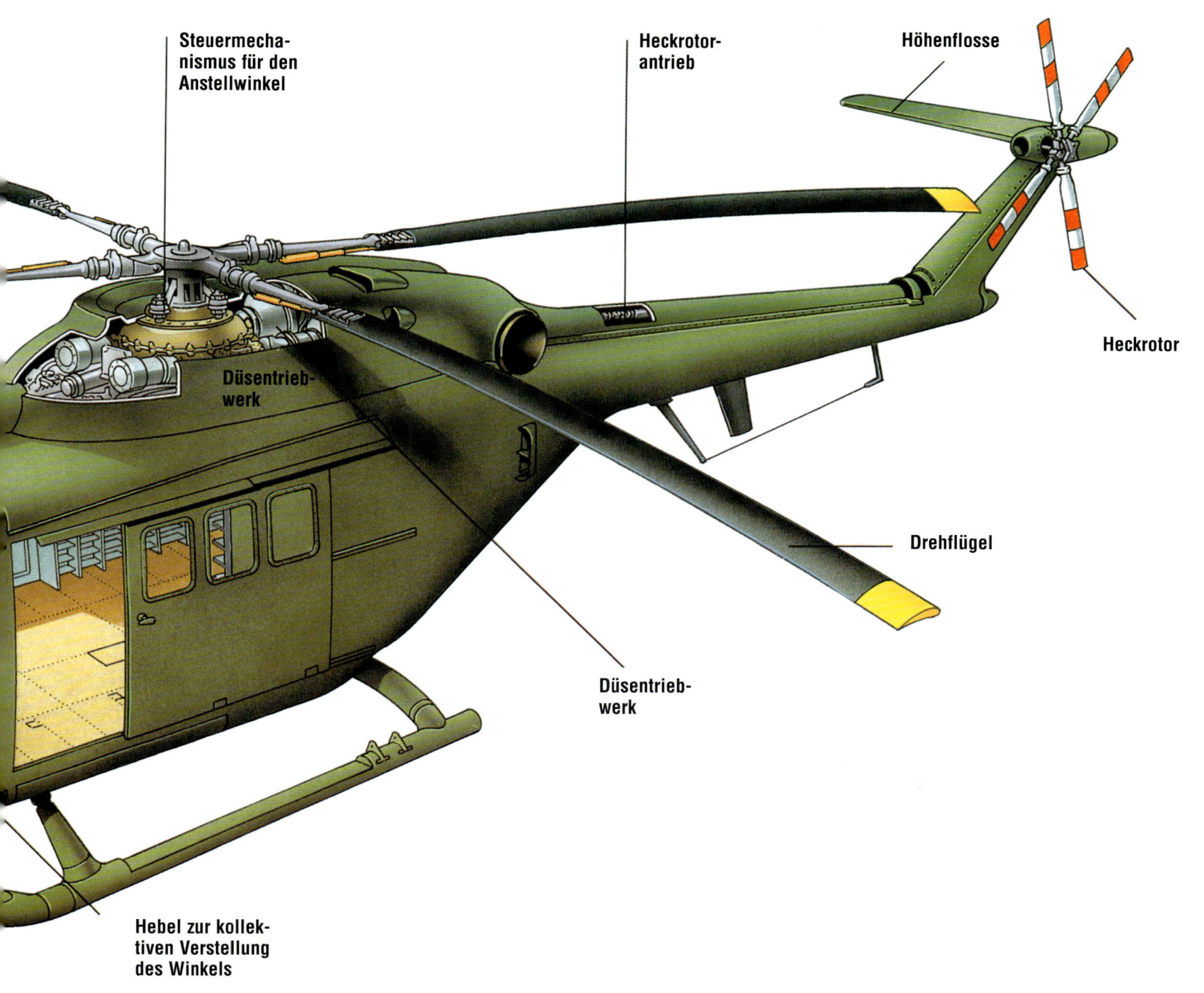

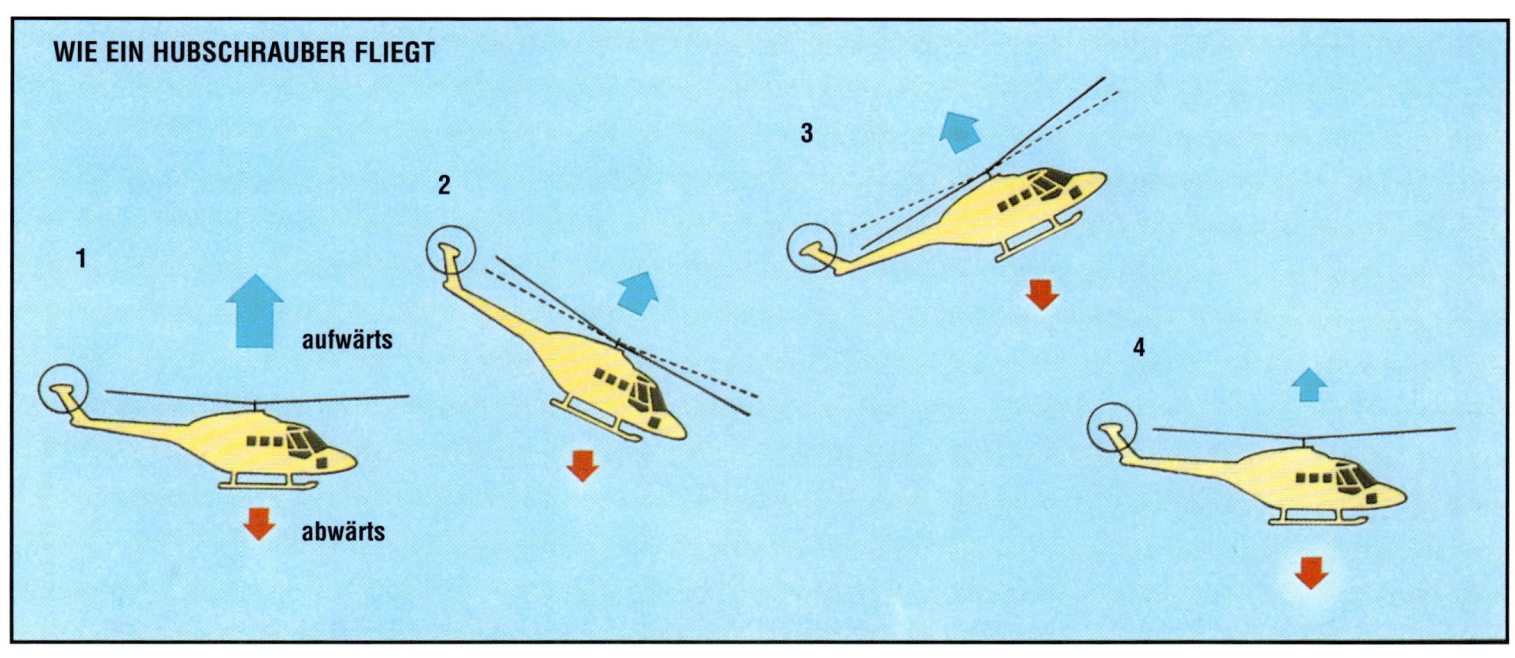

Drehflügel

Düsentriebwerk

Hebel zur kollektiven Verstellung des Winkels

WIE EIN HUBSCHRAUBER FLIEGT

1

aufwärts

abwärts

2

3

4

27

UNTERWEGS

DAS UNTERSEEBOOT

Das erste funktionstüchtige U-Boot wurde im Jahre 1620 von einem Niederländer, Cornelius van Drebbel, gebaut. Es bestand aus einer gefetteten Lederhaut, die man über einen Holzrahmen gespannt hatte. An der Seite staken Ruder heraus. Dieses seltsame Boot wurde erfolgreich in der Themse bei London ausprobiert.

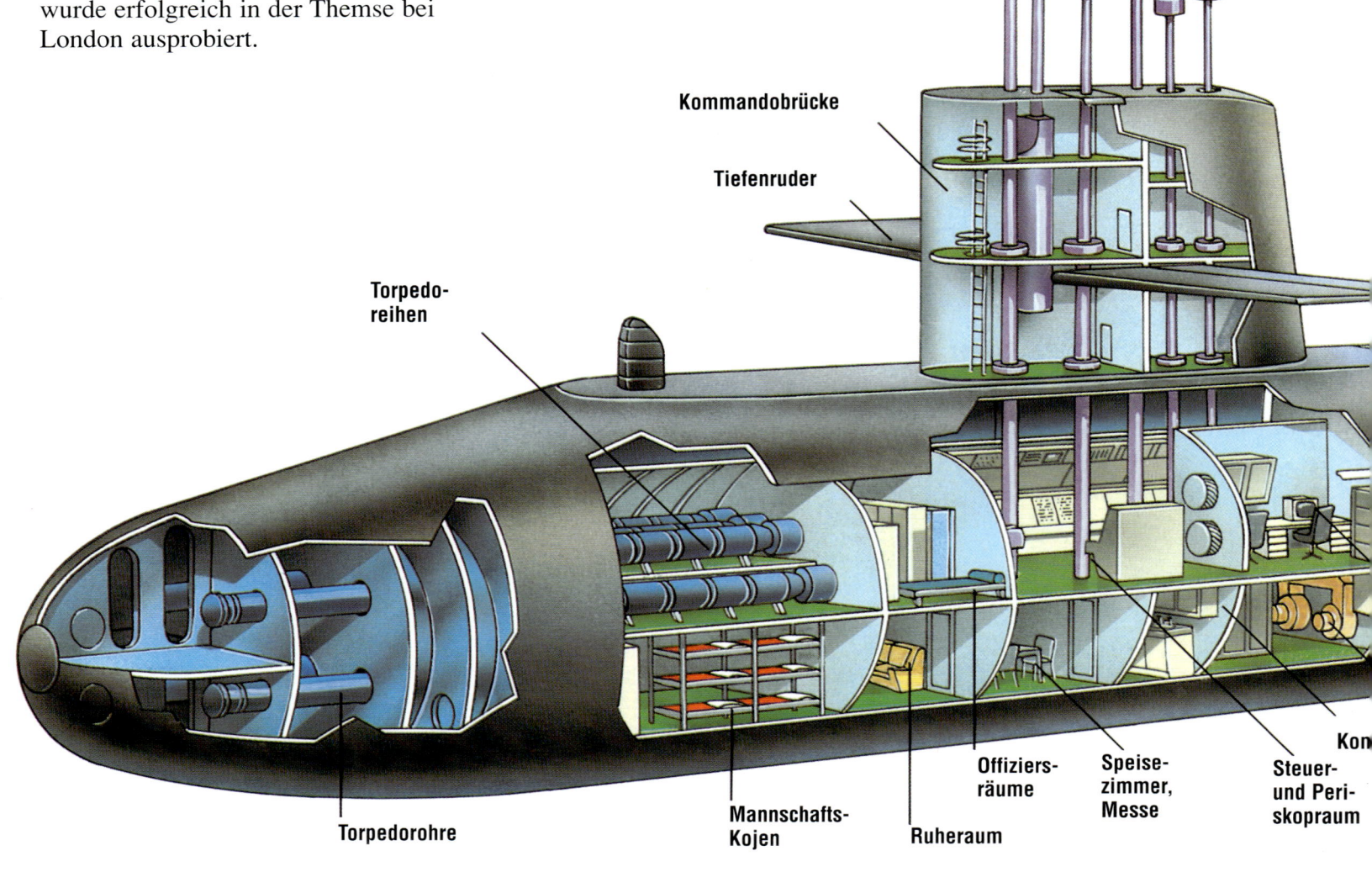

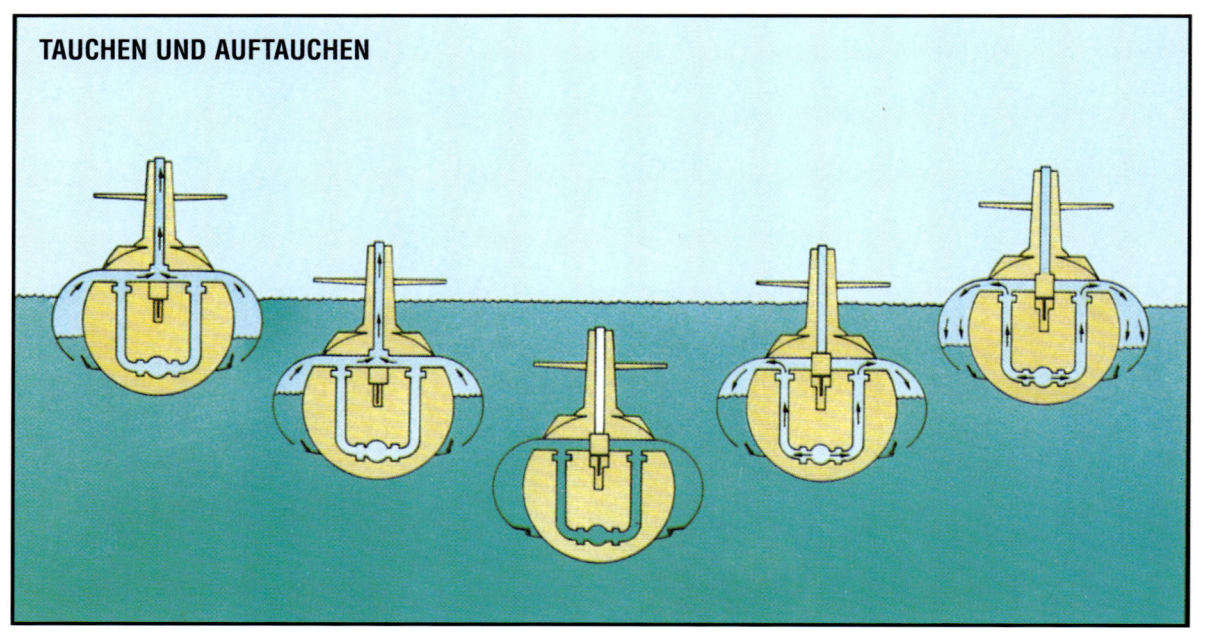

Periskope
Kommunikationsmasten
Radarmasten
Kommandobrücke
Tiefenruder
Torpedo-reihen
Torpedorohre
Mannschafts-Kojen
Offiziersräume
Ruheraum
Speisezimmer, Messe
Steuer- und Periskopraum

TAUCHEN UND AUFTAUCHEN

Links: Mit geleerten Ballast-Tanks schwimmt ein U-Boot auf der Wasseroberfläche. Zum Tauchen wird über Ventile an der Unterseite Seewasser in die Tanks gepumpt. Um noch schneller tauchen zu können, wird das U-Boot von Propellern vorwärts getrieben, und die Tiefenruder – waagerechte Flossen – werden so eingestellt, daß das Fahrzeug abwärts fährt. Zum Auftauchen wird komprimierte Luft in die Ballast-Tanks gepumpt, die das Wasser hinausdrückt.

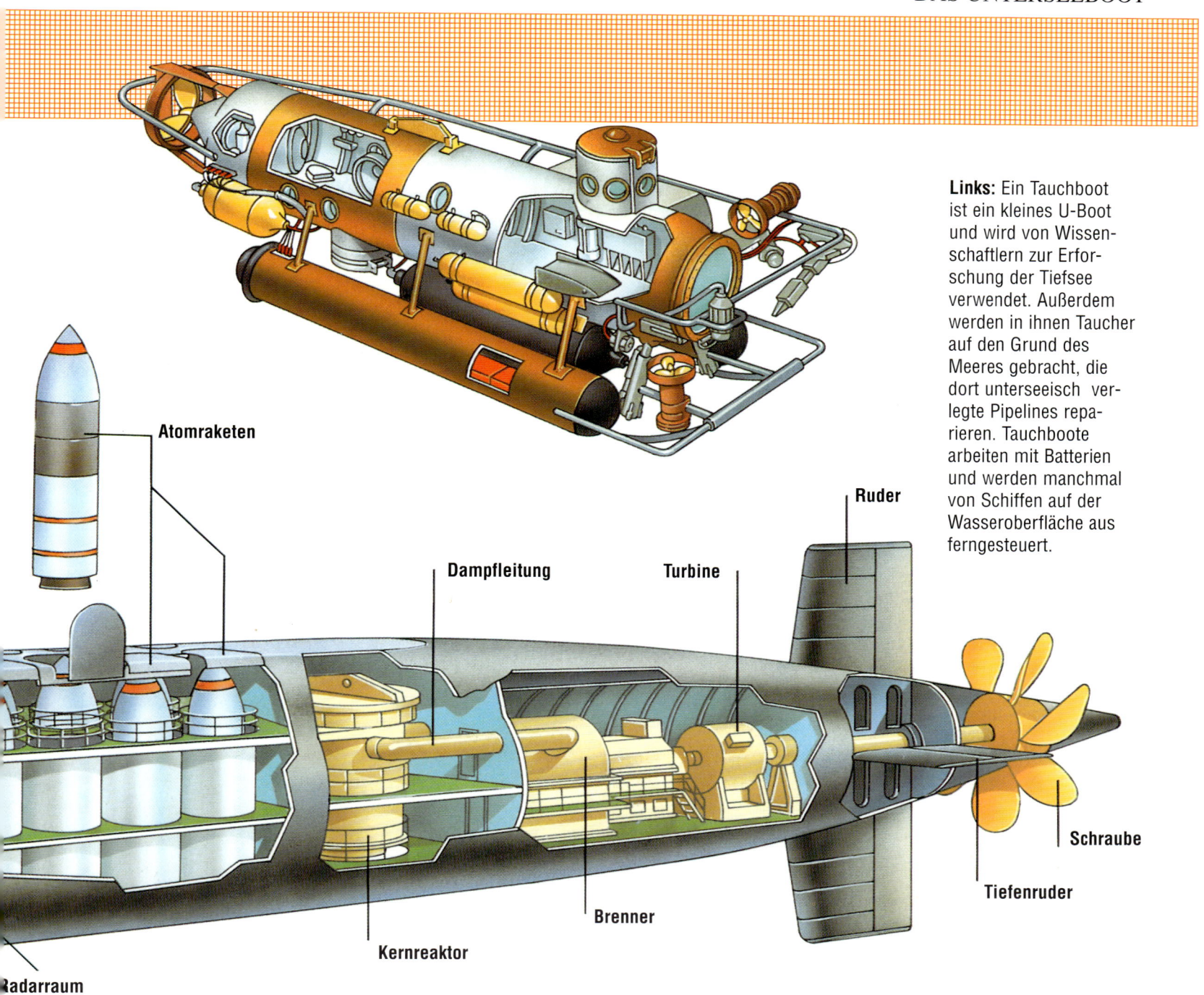

DAS UNTERSEEBOOT

Links: Ein Tauchboot ist ein kleines U-Boot und wird von Wissenschaftlern zur Erforschung der Tiefsee verwendet. Außerdem werden in ihnen Taucher auf den Grund des Meeres gebracht, die dort unterseeisch verlegte Pipelines reparieren. Tauchboote arbeiten mit Batterien und werden manchmal von Schiffen auf der Wasseroberfläche aus ferngesteuert.

Atomraketen
Ruder
Dampfleitung
Turbine
Schraube
Tiefenruder
Brenner
Kernreaktor
Radarraum
anlage

Oben: Ein mit nuklearen Sprengköpfen bestücktes U-Boot. Die Raketen werden in senkrechten Containern mitgeführt, die sich in zwei Reihen hinter dem Kommandoturm befinden. Die Hülle hat die Form eines abgerundeten Höckers, um die Raketen unterzubringen. Der Kernreaktor treibt das Atom U-Boot an, ohne selbst Luft zu verbrauchen. Kleinere U-Boote mit Elektroantrieb können nur so lange unter Wasser fahren, bis die Batterien leer sind. Zum Aufladen der Batterien mit einem Dieselmotor braucht das U-Boot Luft und muß auftauchen. Das ist beim Atom-U-Boot nicht nötig.

Heute werden Unterseeboote aus einer länglichen zigarrenförmigen Stahlhülle gefertigt. An der Oberseite befindet sich der Kommandoturm, der das Periskop und Radioantennen trägt. An den Längsseiten vieler U-Boote finden sich große Ballast- oder Tauch-Tanks. Andere wieder besitzen eine zweite Metallhülle über der Hülle, dazwischen befinden sich die Tauch-Tanks. Diese Tanks sorgen dafür, daß das U-Boot abtauchen und auftauchen kann. Zum Abtauchen werden die Tanks geflutet, Wasser wird hineingeleitet, wodurch das U-Boot schwerer wird und sinkt. Zum Auftauchen wird Luft in die Tanks gepumpt und drückt einen Teil des Wassers hinaus.

Ein Atom-U-Boot wird von einem Kernreaktor betrieben. Dieser erzeugt Wärme aus Uranbrennstoff. Die Wärme wird zur Erzeugung von Dampf genutzt, der eine Turbine antreibt. Die Turbine dreht eine Schraube am Heck des U-Boots. Der Dampf wird dann wieder zu Wasser, das erneut genutzt werden kann. Auch die Luft im U-Boot kann wieder benutzt werden, nachdem sie vom Kohlendioxid befreit wurde, das die Menschen ausgeatmet haben.

Ein atombetriebenes U-Boot kann einmal um die Welt fahren, ohne aufzutauchen. Es findet den Weg unter Wasser mit Hilfe von sehr genauen Kompassen. Kreiselkompasse sind drehende Metallräder, die registrieren können, wann das U-Boot seinen Kurs ändert. Wenn das U-Boot auftaucht, kann die Genauigkeit des Kreiselkompasses mit Hilfe von Radiosignalen überprüft werden, die von Navigationssatelliten in Umlaufbahnen hoch über der Erde ausgesandt werden.

UNTERWEGS

DAS LUFTKISSENBOOT

Das Luftkissenfahrzeug (Hovercraft) trägt seinen Namen zu recht, denn wenn es sich bewegt, scheint es auf einem Kissen aus Luft zu schweben. Ein Luftkissenfahrzeug kommt während der Fahrt nie mit der Land- oder Wasseroberfläche, über die es sich bewegt, in Berührung. So kann sich ein Luftkissenboot viel schneller bewegen als ein normales Schiff. Es wird weder vom Strömungswiderstand des Wassers noch von den Wellen, noch von den Strömungen im Wasser behindert. Auch kann ein Luftkissenboot gleichermaßen problemlos über Land, Wasser oder unebenen Sumpfuntergrund fahren.

Das Luftkissenfahrzeug wurde 1955 von dem britischen Ingenieur Charles Cockerell erfunden. Er fand heraus, daß sich unter einem Boot mit flachem Boden ein Luftkissen bildet, wenn die Luft nach unten und innen durch Düsen rund um den Rand der Hülle geblasen wird. Er entdeckte auch, daß ein Saum aus kräftigen, aber flexiblem Material um den Rand der Hülle verhindert, daß das Luftkissen sich verflüchtigt. Die meisten modernen Hovercraft sind nach dem von Cockerell entwickelten Modell gebaut.

In der Regel werden die Luftkissenboote von großen Propellern vorwärtsbewegt, die am Oberdeck befestigt sind. Sie werden oft von denselben Motoren angetrieben wie die Ventilatoren, die die Luft unter das Fahrzeug pumpen. Der Vorwärtstrieb, den die Propeller erzeugen, kann zum Beschleunigen oder Verlangsamen des Fahrzeugs variiert werden.

Es ist nicht einfach, ein Luftkissenboot zu lenken, weil es so wenig Reibung zwischen dem Fahrzeug und der Oberfläche gibt, über die es sich bewegt. Gesteuert wird das Fahrzeug durch Schwenken der Propeller oder durch Veränderungen ihrer Leistung oder durch den Gebrauch der Ruder am Heck.

Trotz dieser vielfältigen Steuermöglichkeiten kann es bei starken Wind schwierig sein, ein Hovercraft zu manövieren. Bei Sturmgefahr muß es daher im Hafen bleiben.

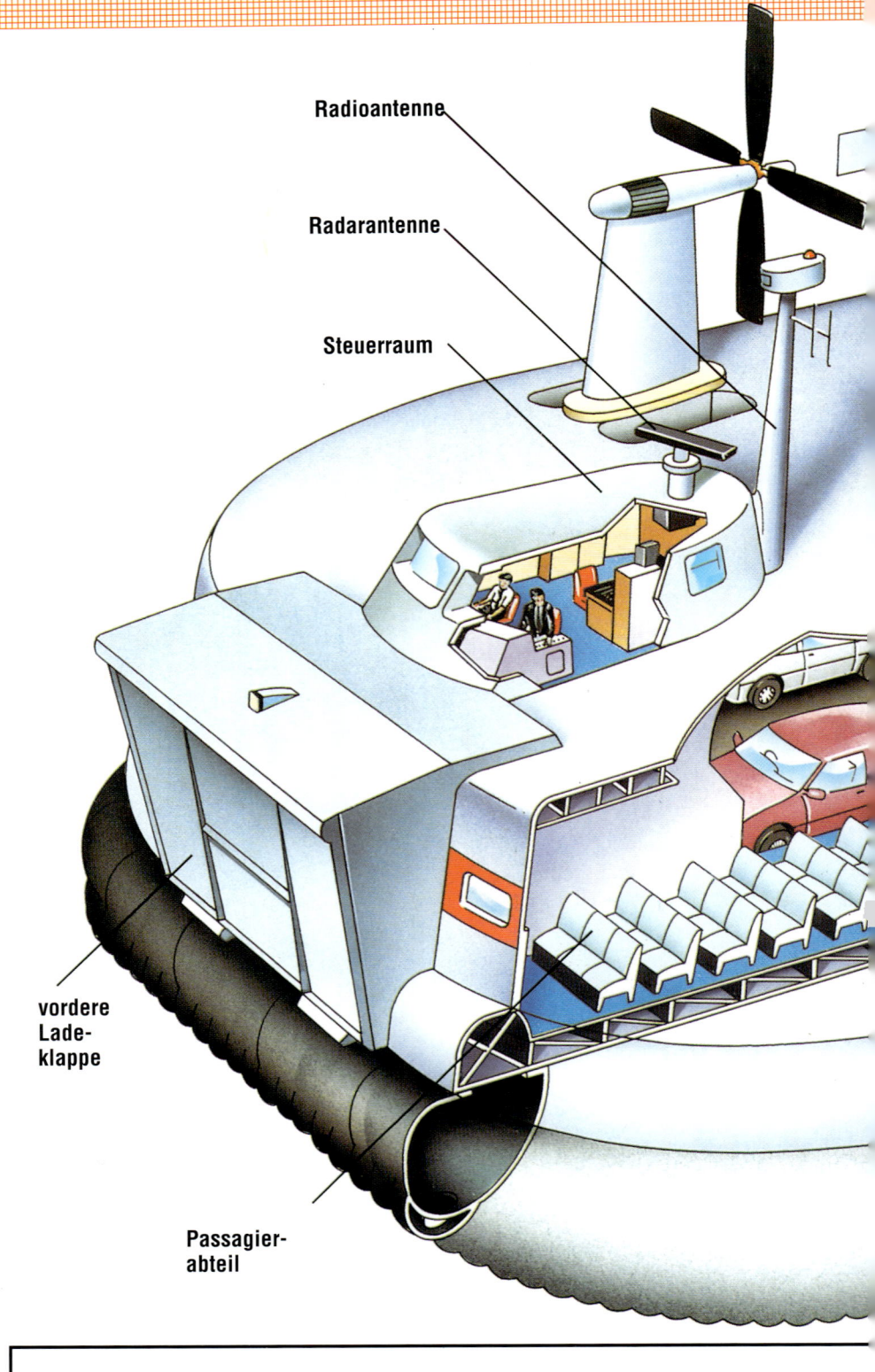

Radioantenne
Radarantenne
Steuerraum
vordere Ladeklappe
Passagierabteil

DAS TRAGFLÜGELBOOT

Ein Tragflügelboot ist ein Boot, das dicht über der Wasseroberfläche auf Flügeln hinweggleitet. Diese besonderen Flügel heißen Tragflügel und sind an der Unterseite der Hülle angebracht. Sie sind geformt wie Flugzeugtragflächen, mit einer gewölbten Oberseite und einer flachen Unterseite. Wenn sich das Boot vorwärtsbewegt, sorgen die Tragflügel genau in derselben Weise wie die Tragflächen beim Flugzeug für Auftrieb. Das Boot wird über die Wasseroberfläche gehoben und kann sich schneller fortbewegen als ein normales Boot. Es gibt mehrere verschiedene Tragflügelboot-Modelle. Tragflügel in V-Form (links) sorgen für die Stabilität des Bootes während der Fahrt. Man benutzt sie für Passagierfahrzeuge.
Modelle mit getrennten Tragflügeln (rechts) haben sich in rauher See als besser erwiesen, da ihr Winkel den äußeren Bedingungen angepaßt werden kann.

DAS LUFTKISSENBOOT

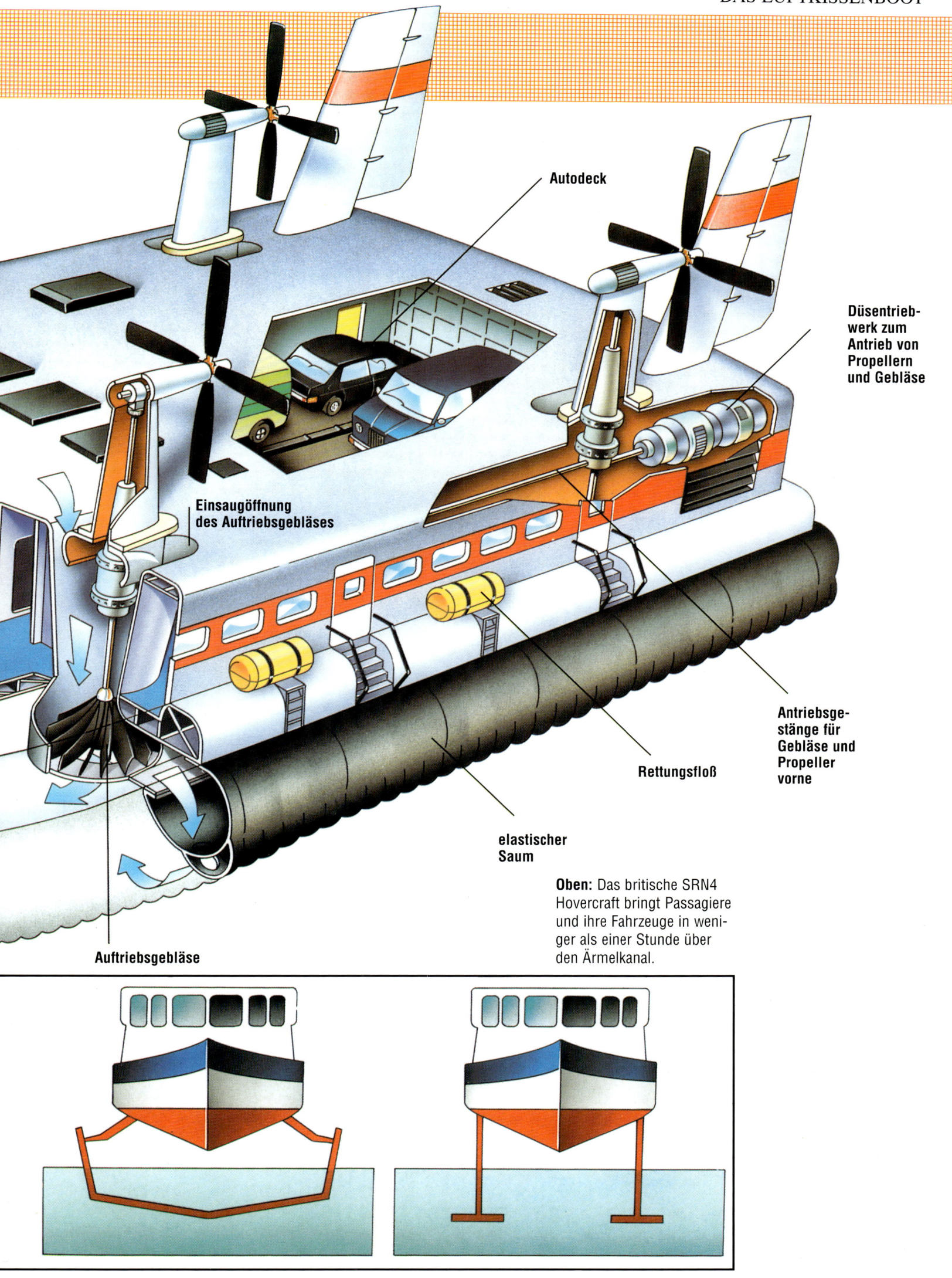

Autodeck

Düsentriebwerk zum Antrieb von Propellern und Gebläse

Einsaugöffnung des Auftriebsgebläses

Antriebsgestänge für Gebläse und Propeller vorne

Rettungsfloß

elastischer Saum

Auftriebsgebläse

Oben: Das britische SRN4 Hovercraft bringt Passagiere und ihre Fahrzeuge in weniger als einer Stunde über den Ärmelkanal.

BEI DER ARBEIT

DER WOLKENKRATZER

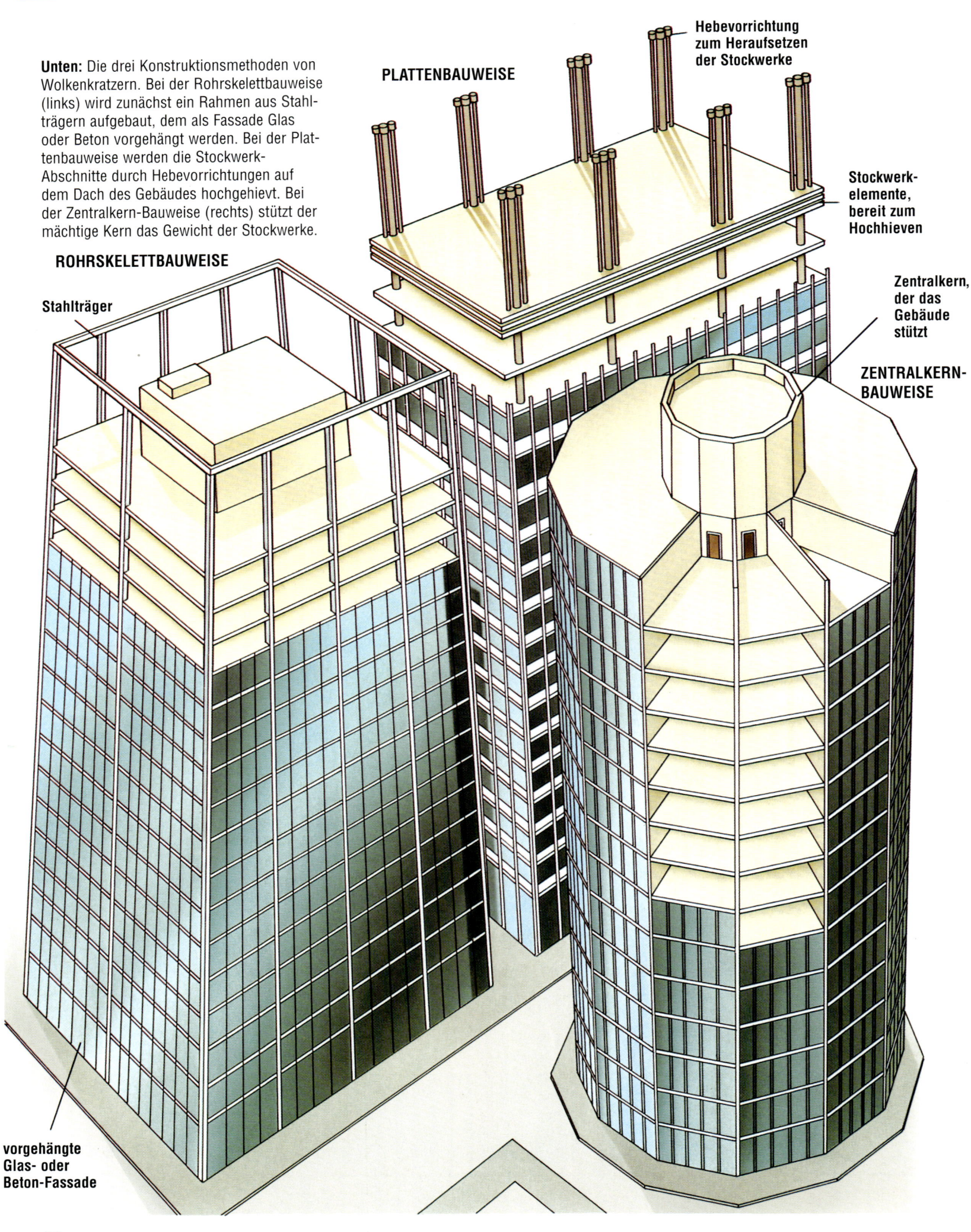

Unten: Die drei Konstruktionsmethoden von Wolkenkratzern. Bei der Rohrskelettbauweise (links) wird zunächst ein Rahmen aus Stahlträgern aufgebaut, dem als Fassade Glas oder Beton vorgehängt werden. Bei der Plattenbauweise werden die Stockwerk-Abschnitte durch Hebevorrichtungen auf dem Dach des Gebäudes hochgehievt. Bei der Zentralkern-Bauweise (rechts) stützt der mächtige Kern das Gewicht der Stockwerke.

PLATTENBAUWEISE

Hebevorrichtung zum Heraufsetzen der Stockwerke

Stockwerkelemente, bereit zum Hochhieven

Zentralkern, der das Gebäude stützt

ZENTRALKERN-BAUWEISE

ROHRSKELETTBAUWEISE

Stahlträger

vorgehängte Glas- oder Beton-Fassade

DER WOLKENKRATZER

Das größte Hochhaus der Welt ist der Sears Tower in Chicago in den USA. Er hat 110 Stockwerke und erhebt sich 675 m hoch vom Erdboden.

Wolkenkratzer wie der Sears Tower stellen ihre Erbauer vor einige Probleme. Zunächst ist es wichtig, dafür zu sorgen, daß das Gebäude fest steht; es darf in keinem Fall zusammenstürzen. Deswegen brauchen Wolkenkratzer starke Fundamente im Untergrund. Man schafft sie, indem man den Untergrund ausgräbt und die Grube mit Beton füllt. Wenn der Boden nachgibt, müssen die Fundamente bis tief in die Erde reichen.

Es gibt drei weitverbreitete Methoden, einen Wolkenkratzer zu errichten, die Plattenbauweise, Rohrskelettbauweise und das Bauen um einen Mittelkern. Bei der Plattenbauweise wird das Gebäude Stockwerk um Stockwerk aufgebaut, wobei jeweils das nächste Stockwerk auf das untere gesetzt wird. Bei der Rohrskelettmethode wird zunächst ein besonders kräftiger Stahl- oder Betonrahmen errichtet. Die Wände und Böden werden an das Gebäude angefügt. Bei der Zentralkernmethode sind Aufzüge und Treppenhäuser in einer mächtigen, zentral gelegenen Säule angelegt. Um diesen Kern herum wird der Wolkenkratzer aufgebaut.

Die Installation von Heizung, Klimaanlage, Strom- und Wasserleitungen, Kanalisation und Aufzügen in Wolkenkratzern ist schwierig. Enorme Röhren- und Kabellängen sind dazu nötig. In dem 102 Stockwerke hohen Empire State Building in New York gibt es z. B. 100 km Wasserrohre und 5600 km Telefonkabel. In modernen Wolkenkratzern werden oft ganze Stockwerke von Einrichtungen wie Wassertanks, Klimaanlage und elektrischen Anlagen eingenommen.

Unten: Eine Klimaanlage. Die aus dem Raum gepumpte Luft wird mit Frischluft von außen vermischt. Dann wird sie durch Staubfilter, Heiz- und Kühleinrichtungen, einen Geruchsfilter und Anfeuchter gepumpt und wieder in den Raum geleitet.

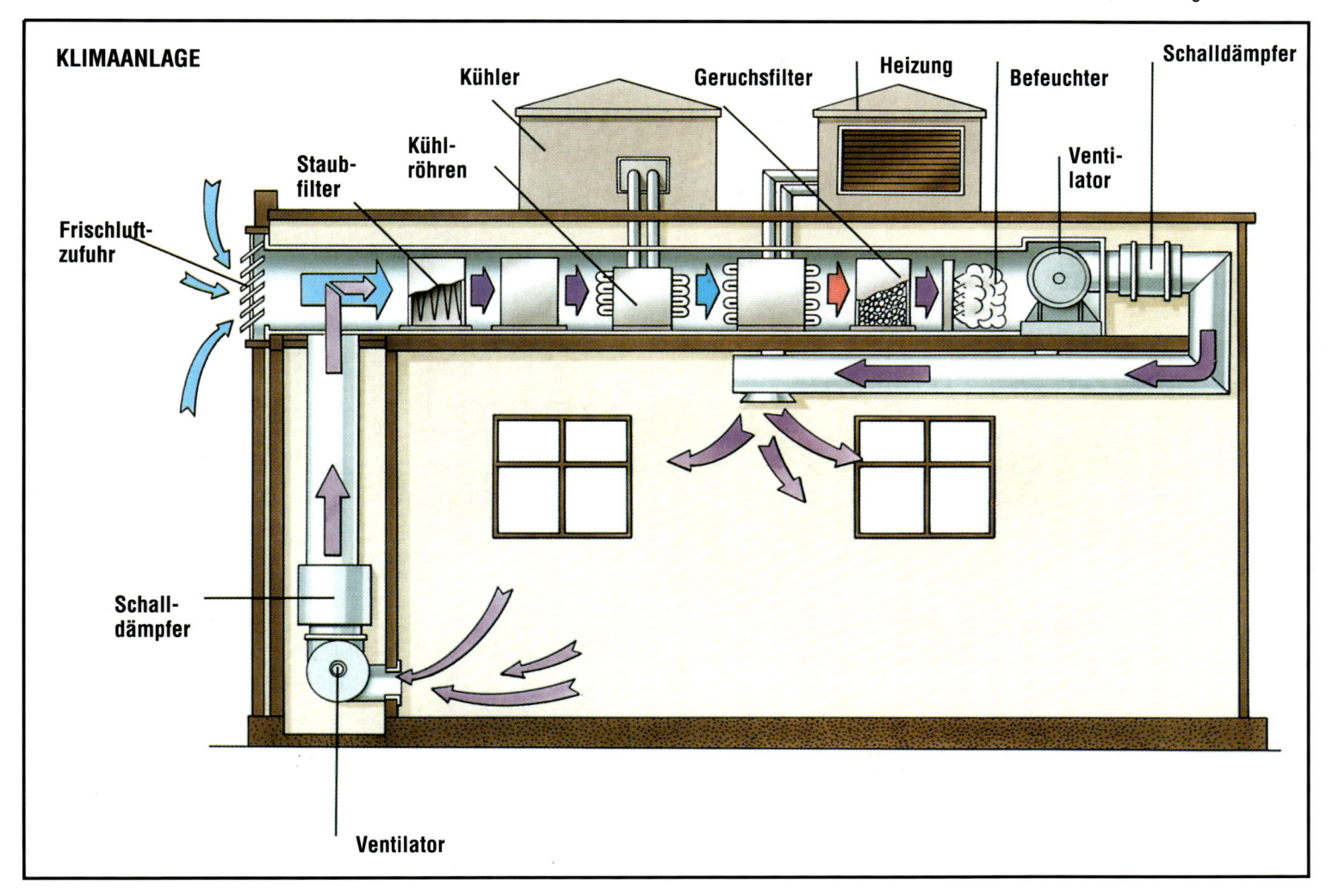

BEI DER ARBEIT

AUFZUG UND ROLLTREPPE

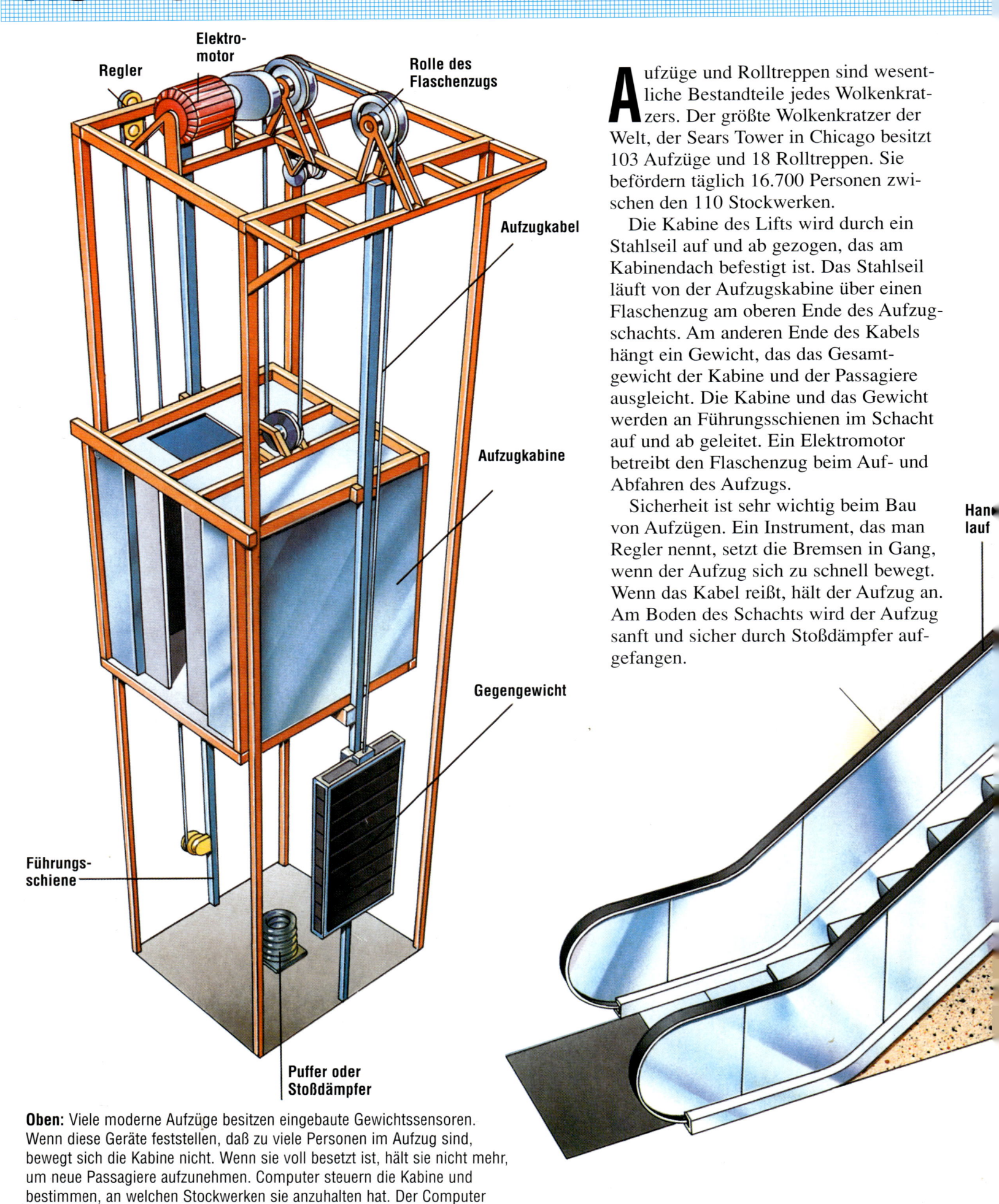

Regler
Elektromotor
Rolle des Flaschenzugs
Aufzugkabel
Aufzugkabine
Gegengewicht
Führungsschiene
Puffer oder Stoßdämpfer
Handlauf

Aufzüge und Rolltreppen sind wesentliche Bestandteile jedes Wolkenkratzers. Der größte Wolkenkratzer der Welt, der Sears Tower in Chicago besitzt 103 Aufzüge und 18 Rolltreppen. Sie befördern täglich 16.700 Personen zwischen den 110 Stockwerken.

Die Kabine des Lifts wird durch ein Stahlseil auf und ab gezogen, das am Kabinendach befestigt ist. Das Stahlseil läuft von der Aufzugskabine über einen Flaschenzug am oberen Ende des Aufzugschachts. Am anderen Ende des Kabels hängt ein Gewicht, das das Gesamtgewicht der Kabine und der Passagiere ausgleicht. Die Kabine und das Gewicht werden an Führungsschienen im Schacht auf und ab geleitet. Ein Elektromotor betreibt den Flaschenzug beim Auf- und Abfahren des Aufzugs.

Sicherheit ist sehr wichtig beim Bau von Aufzügen. Ein Instrument, das man Regler nennt, setzt die Bremsen in Gang, wenn der Aufzug sich zu schnell bewegt. Wenn das Kabel reißt, hält der Aufzug an. Am Boden des Schachts wird der Aufzug sanft und sicher durch Stoßdämpfer aufgefangen.

Oben: Viele moderne Aufzüge besitzen eingebaute Gewichtssensoren. Wenn diese Geräte feststellen, daß zu viele Personen im Aufzug sind, bewegt sich die Kabine nicht. Wenn sie voll besetzt ist, hält sie nicht mehr, um neue Passagiere aufzunehmen. Computer steuern die Kabine und bestimmen, an welchen Stockwerken sie anzuhalten hat. Der Computer sorgt dafür, daß die Passagiere nur so kurze Zeit wie möglich auf den Aufzug warten müssen.

AUFZUG UND ROLLTREPPE

Beim hydraulischen Antrieb wird die Aufzugskabine von einer Stange aus Stahl getragen. Wenn die Kabine nach oben fahren soll, wird Öl in ein langes Rohr, den Hydraulikzylinder, gepumpt. Das Öl drückt die Stange, die man auch Kolben nennt, aus dem Zylinder. Bei Aufzügen, die in einem Schacht aus Glas fahren, kann man die metallisch glänzende Stange gut erkennen.

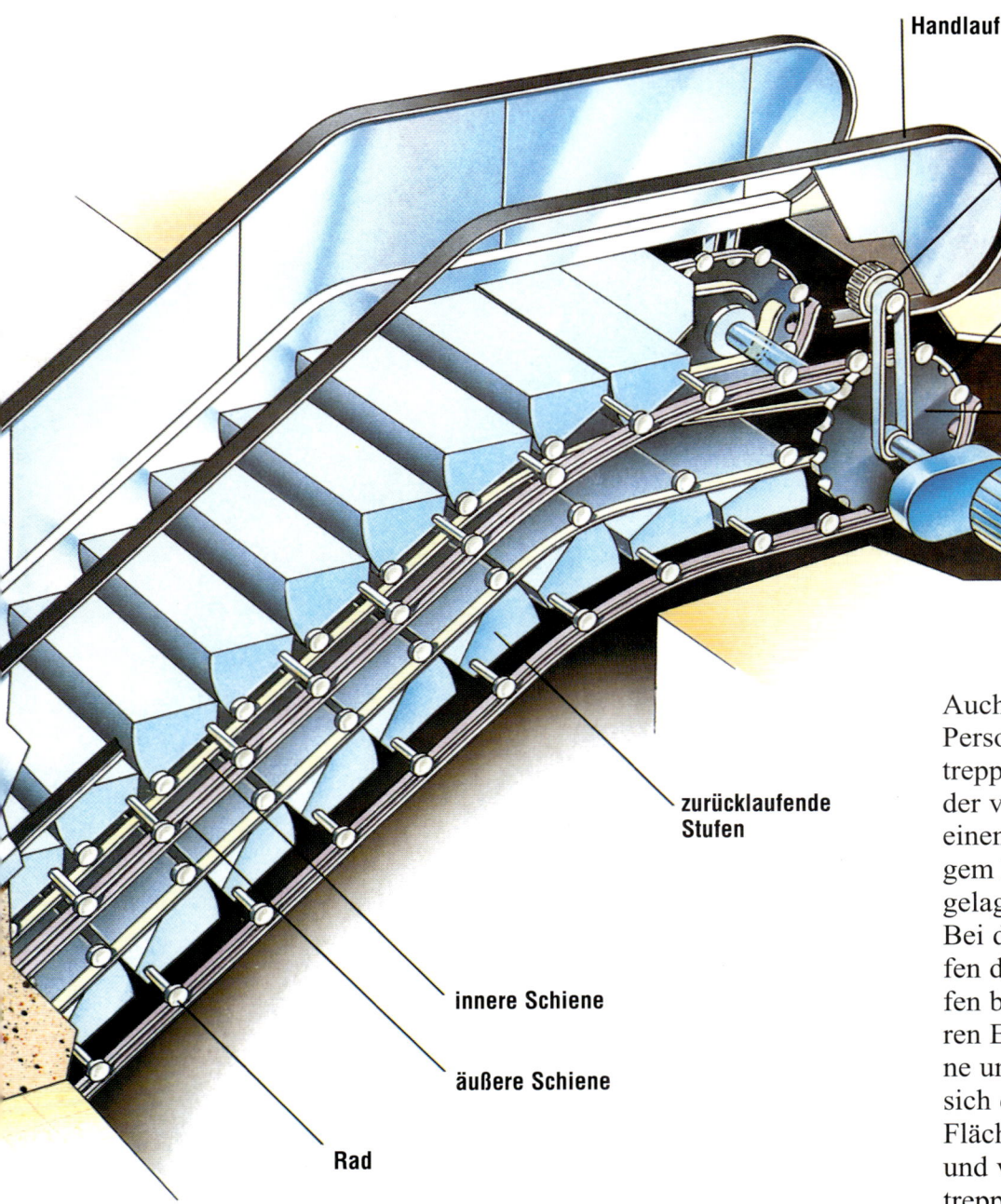

Auch eine Rolltreppe dient der schnellen Personenbeförderung. Die Stufen einer Rolltreppe sind in einer endlosen Kette miteinander verbunden und befinden sich, durch einen Elektromotor angetrieben, in ständigem Kreislauf. Jede Stufe ist auf Rädern gelagert, die in einem Schienen-Paar laufen. Bei der Abwärtsfahrt der Rolltreppe verlaufen die Schienen nebeneinander, und die Stufen bilden eine Treppe. Am oberen und unteren Ende der Rolltreppe wird die eine Schiene unter die andere geführt. Dadurch senken sich die Stufen und bilden eine ebene Fläche, so daß man die Rolltreppe betreten und verlassen kann. Der Motor, der die Rolltreppe antreibt, bewegt gleichzeitig einen Handlauf, an dem man sich festhalten kann. Eine Variante der Rolltreppe ist das Laufband, das dazu benutzt wird, Menschen zu befördern, z.B. an Flughäfen. Es handelt sich um ein zusammenhängendes waagerechtes Gummiband, das sich bewegt, während man darauf steht.

Oben: Die Rolltreppe ist das effizienteste Mittel, um Menschen von einem Stockwerk zum nächsten zu transportieren. Eine Rolltreppe kann 10.000 Menschen pro Stunde befördern.

BEI DER ARBEIT

DER FOTOKOPIERER

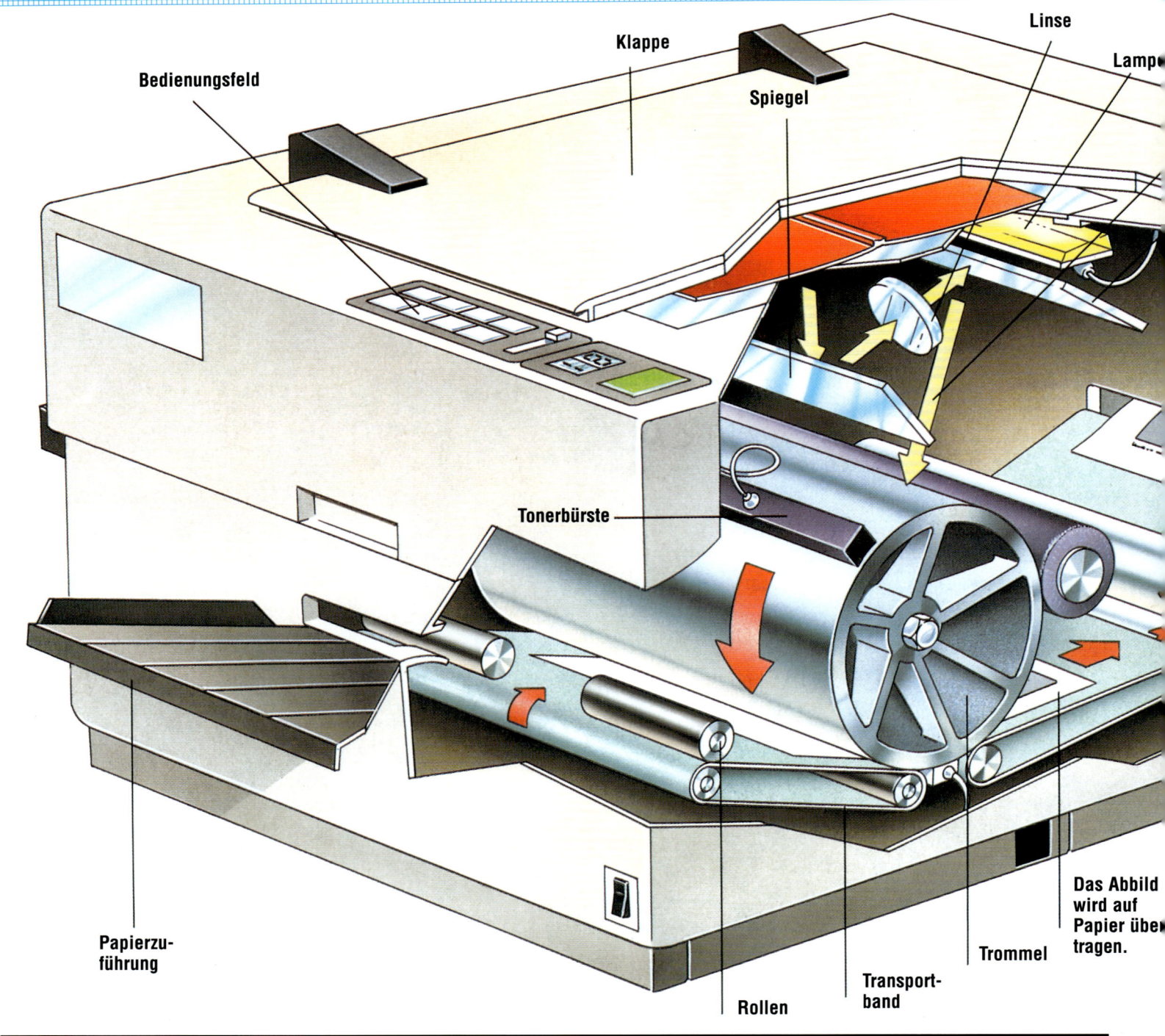

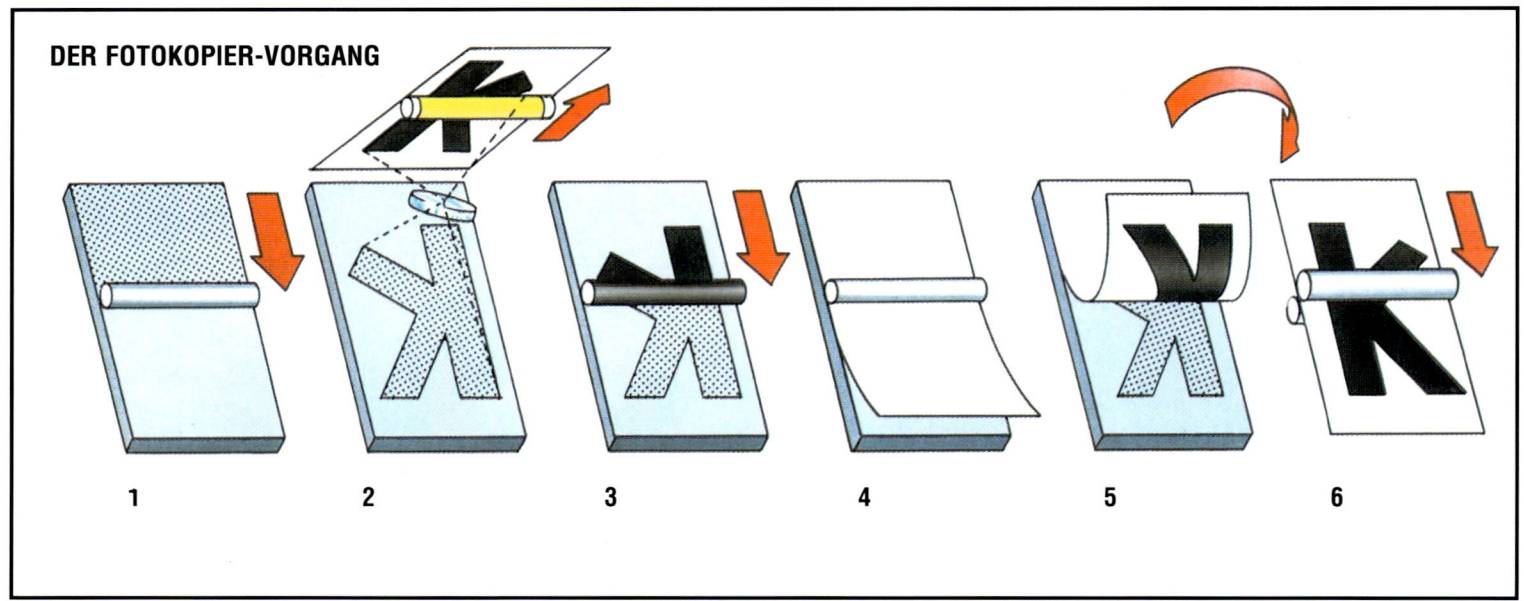

Klappe

Bedienungsfeld

Spiegel

Linse

Lampe

Tonerbürste

Das Abbild wird auf Papier übertragen.

Papierzuführung

Rollen

Transportband

Trommel

DER FOTOKOPIER-VORGANG

1   2   3   4   5   6

DER FOTOKOPIERER

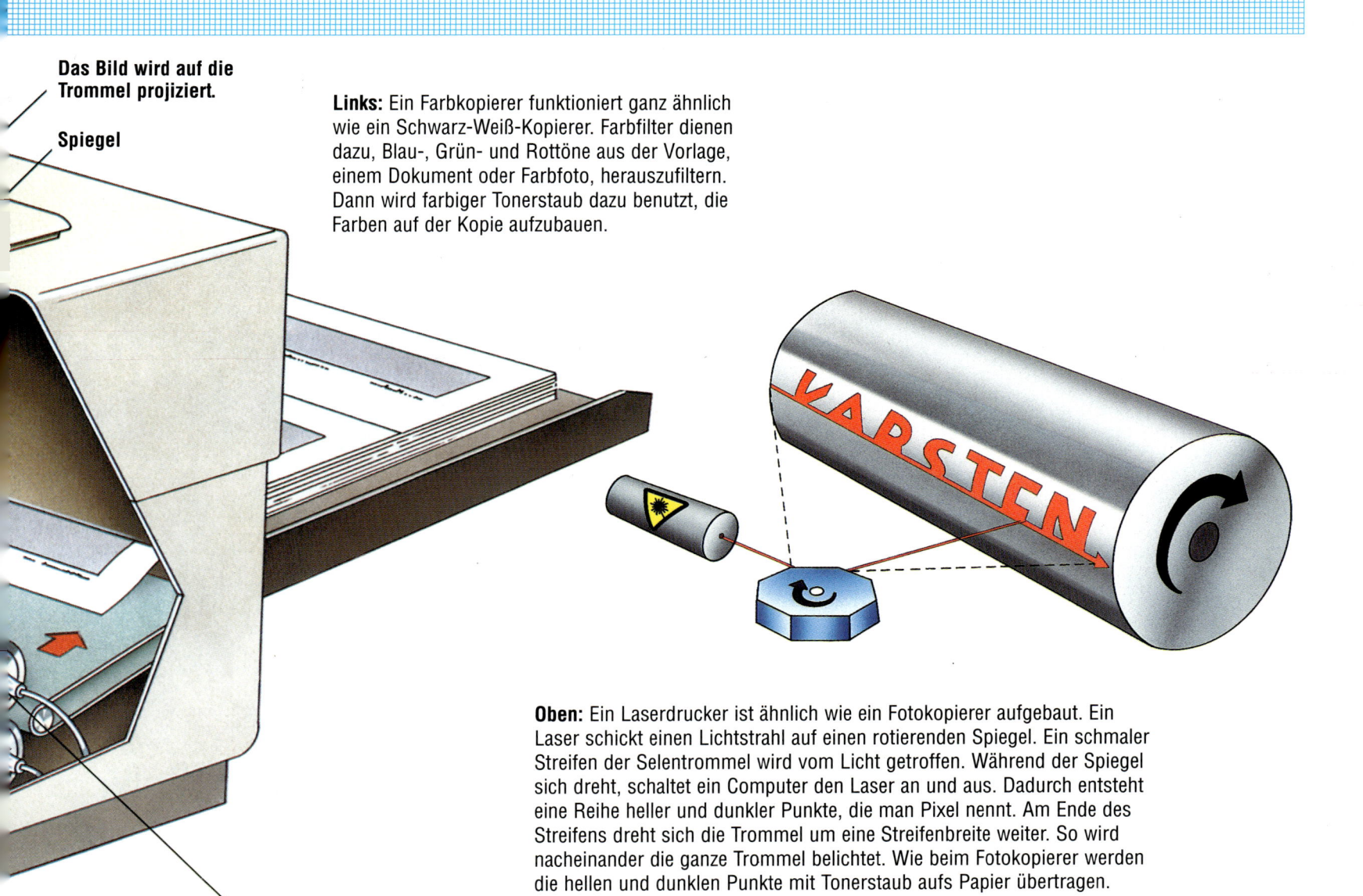

Das Bild wird auf die Trommel projiziert.

Spiegel

Links: Ein Farbkopierer funktioniert ganz ähnlich wie ein Schwarz-Weiß-Kopierer. Farbfilter dienen dazu, Blau-, Grün- und Rottöne aus der Vorlage, einem Dokument oder Farbfoto, herauszufiltern. Dann wird farbiger Tonerstaub dazu benutzt, die Farben auf der Kopie aufzubauen.

Oben: Ein Laserdrucker ist ähnlich wie ein Fotokopierer aufgebaut. Ein Laser schickt einen Lichtstrahl auf einen rotierenden Spiegel. Ein schmaler Streifen der Selentrommel wird vom Licht getroffen. Während der Spiegel sich dreht, schaltet ein Computer den Laser an und aus. Dadurch entsteht eine Reihe heller und dunkler Punkte, die man Pixel nennt. Am Ende des Streifens dreht sich die Trommel um eine Streifenbreite weiter. So wird nacheinander die ganze Trommel belichtet. Wie beim Fotokopierer werden die hellen und dunklen Punkte mit Tonerstaub aufs Papier übertragen.

Heizwalzen

Links: Der Fotokopiervorgang.
1. Die Metallplatte oder der Zylinder wird elektrisch geladen.
2. Das Bild wird durch eine Linse auf die Platte projiziert und scharf gestellt.
3. Tonerstaub wird über die Platte gestrichen und haftet auf dem Abbild.
4. Papier wird auf die Platte gedrückt.
5. Der Tonerstaub haftet am Papier.
6. Das Abbild wird durch heiße Walzen fixiert.

Fotokopierer stellen Kopien von Texten und Bildern her. Sie können vergrößerte oder verkleinerte Kopien des Originals machen. Aufwendigere Geräte erstellen Farbkopien von farbigen Vorlagen. Moderne Fotokopierer verwenden ein Verfahren, das man Xerographie nennt: Die Bezeichnung leitet sich von zwei griechischen Wörtern her und bedeutet „trockenes Schreiben". 1938 wurde dieses Verfahren von Chester Carlson in den USA erfunden.

Im Innern eines Fotokopierers befindet sich eine Metalltrommel, die mit einem Material, etwa Selen, beschichtet ist, das eine elektrische Ladung hält, solange kein Licht darauf fällt. Vor dem Kopiervorgang wird die Trommel elektrisch aufgeladen. Wenn ein Blatt kopiert wird, wird es von einem hellen Licht im Kopierer bestrahlt. Linsen (gewölbte Gläser) lenken das Licht vom Papier auf die Trommel. Dabei entsteht darauf ein Abbild des Blatts. Dort, wo die Metalloberfläche von Licht getroffen wird, schwindet die elektrische Ladung durch die Selenbeschichtung. Wo das Abbild schwarz war, bleibt die elektrische Ladung erhalten.

Die Trommel wird dann mit einem Puder bestäubt, den man Toner nennt. Er haftet an den Stellen, wo elektrische Ladung herrscht. Dann wird ein Blatt Papier um die Trommel gewickelt und der Toner überträgt sich auf das Papier. Am Schluß wird das Papier zwischen heißen Walzen hindurchgeführt und dabei leicht erhitzt. Dadurch schmilzt der Toner und hält auf dem Papier.

Ein billigeres Fotokopierer-Modell, der elektrostatische Kopierer, arbeitet ähnlich. Das Bild wird auf ein Spezialpapier reflektiert, das die elektrische Ladung in den schwarzen Partien des Bildes behält. Das Papier wird dann mit Toner beschichtet, der an den geladenen Partien haftet. Dann wird das Papier erhitzt, um den Toner zu fixieren, und die Kopie ist fertig.

BEI DER ARBEIT

TELEKOMMUNIKATION

Das erste Telefongespräch fand am 10. März 1876 statt. Der Erfinder das Telefons, der Amerikaner Alexander Graham Bell, sprach die folgenden Worte zu seinem Assistenten, der sich in einem anderen Raum befand: „Herr Watson, bitte kommen Sie her. Ich brauche Sie."

Obwohl das Telefon seit Bells Zeiten sehr verbessert wurde, ist das Prinzip das gleiche geblieben. Die Sprechkapsel ist ein Mikrophon. Wenn man in den Hörer spricht, bringen die Schallwellen eine Membran (ein dünnes Kunststoffplättchen) zum Schwingen. Diese Schwingungen werden auf ein Keramikplättchen übertragen. Dieses Plättchen gibt elektrische Spannung ab, wenn es gedrückt wird. Die elektrische Spannung schwankt im selben Rhythmus wie die Schallwellen. Ein elektronischer Verstärker vergrößert die Spannung, bevor sie über das Telefonkabel zur Vermittlung geleitet wird.

Beim Drücken der Tasten werden unterschiedliche Töne erzeugt, die man im Hörer mithören kann. Die Telefonvermittlung erkennt aus den unterschiedlichen Wahltönen die Nummer des Apparates, den man abrufen möchte. Bei alten Telefonen mit Wählscheibe oder bei analogen Telefonvermittlungen werden die Nummern mit Stromimpulsen gewählt, die man im Hörer als leises Knacken mithören kann. Die Vermittlung verbindet die Kabel der beiden Telefonapparate solange, bis der Hörer aufgelegt wird.

Für Ferngespräche werden die Schwingungen mehrerer Gespräche zu einem gemeinsamen elektrischen Signal zusammengefaßt. Dieses Signal kann über ein elektrisches Kabel laufen. Man kann es aber auch in Lichtimpulse umwandeln und über eine Glasfaser schicken. Einige Ferngespräche gehen über Richtfunkstrecken von einem Fernsehturm zum nächsten. Bei sehr großen Entfernungen werden die Signale über einen Satelliten gesendet. Am Bestimmungsort werden die Schwingungen der Gespräche getrennt und von der Vermittlung über Kabel zum anderen Apparat gesendet.

Die Hörkapsel im Telefonhörer ist ein kleiner Lautsprecher, der die elektrischen Signale wieder in Töne umwandelt.

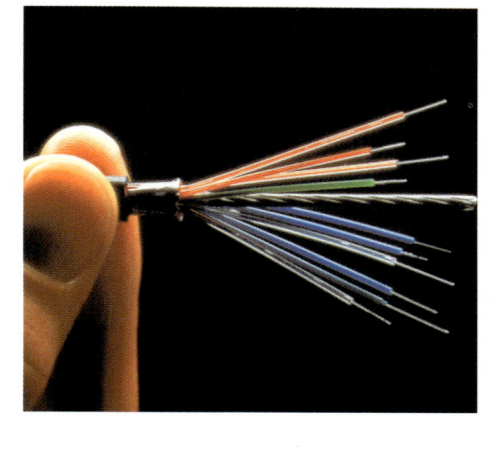

Sprechkapsel

Schaltsteg

Wahltasten

Links: Telefonkabel aus Kupfer werden durch Glasfasern ersetzt, die so dick wie ein Haar sind. Die elektrischen Signale werden in Lichtimpulse umgewandelt, das Licht wird durch die Glasfaser geschickt. Glasfasern können viel mehr Gespräche übertragen und sind dünner als ein Kupferkabel.

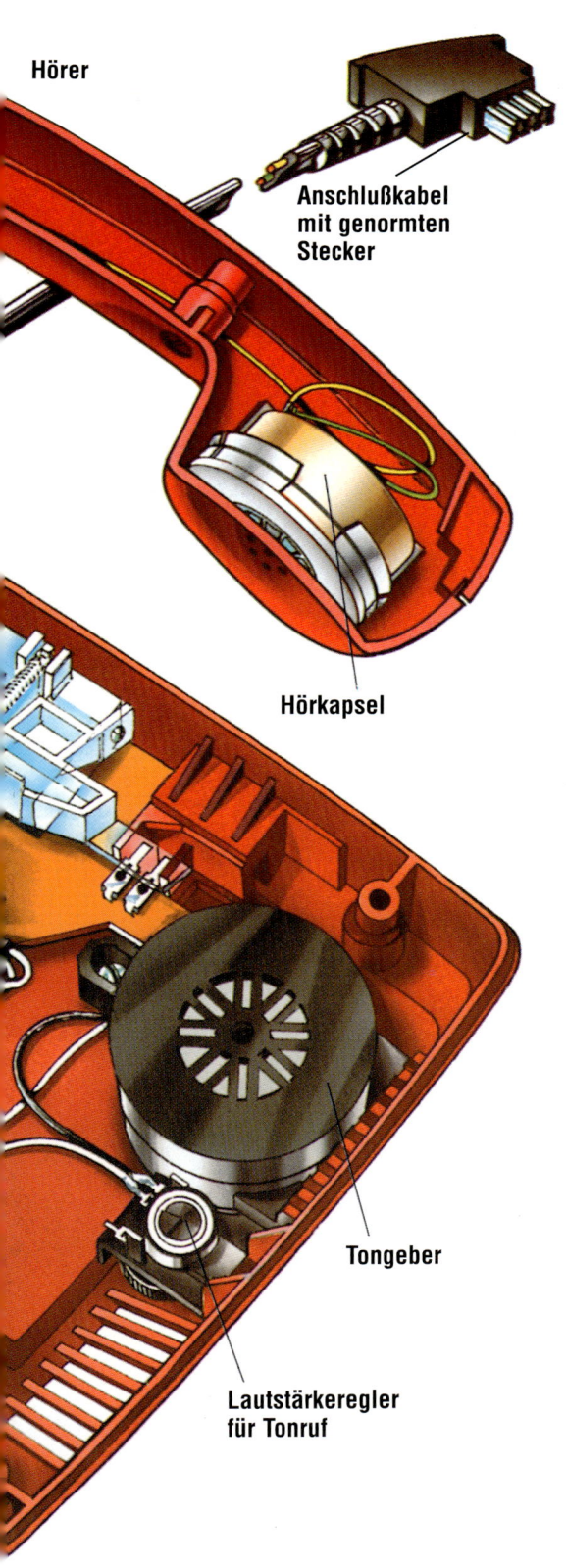

TELEKOMMUNIKATION

Hörer

Anschlußkabel mit genormten Stecker

Hörkapsel

Tongeber

Lautstärkeregler für Tonruf

Oben: Beim schnurlosen Telefon ersetzt man das Kabel zwischen dem Telefonapparat und dem Hörer durch eine Funkverbindung. Das schurlose Telefon enthält einen kleinen Sender und einen Empfänger. Die elektrischen Signale des Mikrophons werden als Funkwellen zum Basisgerät gesendet. Auch das Basisgerät enthält einen kleinen Sender und einen Empfänger. Das Basisigerät ist an das Telefonkabel angeschlossen und leitet die Signale des Mikrophons weiter. Umgekehrt sendet es die Signale für den Hörer als Funkwellen zum schnurlosen Telefon.

Das Handy sendet nicht zu einer festen Basisstation, sondern zu einem Netzknoten, dessen Antennen auf einem hohen Mast oder einem Hochhaus stehen. Wenn das Handy aus einem Auto sendet und sich aus dem Bereich des Netzknotens entfernt, übernimmt der nächste Antennenmast das Gespräch. Ein Netzknoten kann zahlreiche Gespräche gleichzeitig empfangen und weiterleiten. Jedes Handy muß sich beim Einschalten anmelden. So teilt es dem Funknetz mit, zu welchem Netzknoten ein Gespräch geleitet werden muß, um dieses Handy zu erreichen.

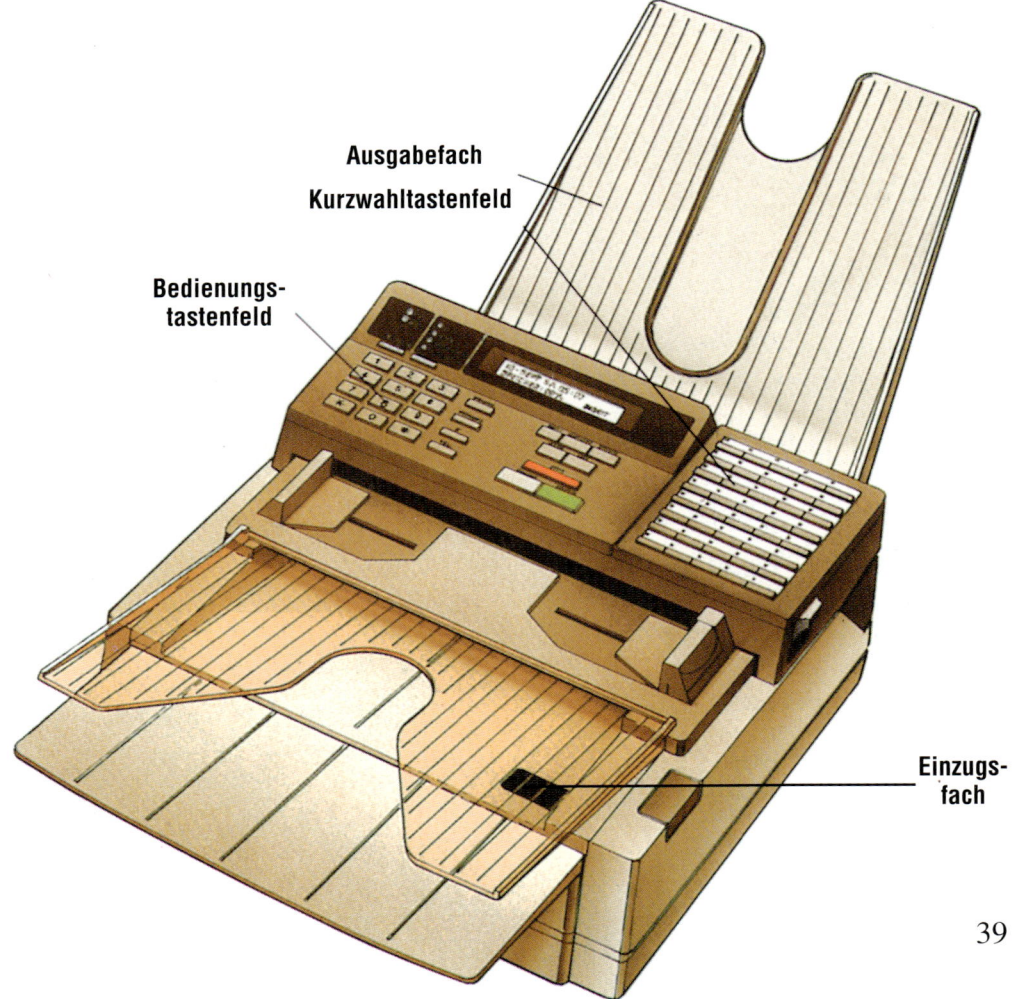

Ausgabefach
Kurzwahltastenfeld

Bedienungstastenfeld

Einzugsfach

Rechts: Auch Bilder können durch die Telefonleitung geschickt werden. Das Faxgerät tastet ein Bild beim Senden zeilenweise ab. Dunkle Punkte und helle Punkte werden als unterschiedlich hohe Töne gesendet. Das empfangende Faxgerät wandelt die Töne wieder in helle und dunkle Punkte um und überträgt sie wie ein Fotokopierer auf ein Spezialpapier.

BEI DER ARBEIT

DER COMPUTER

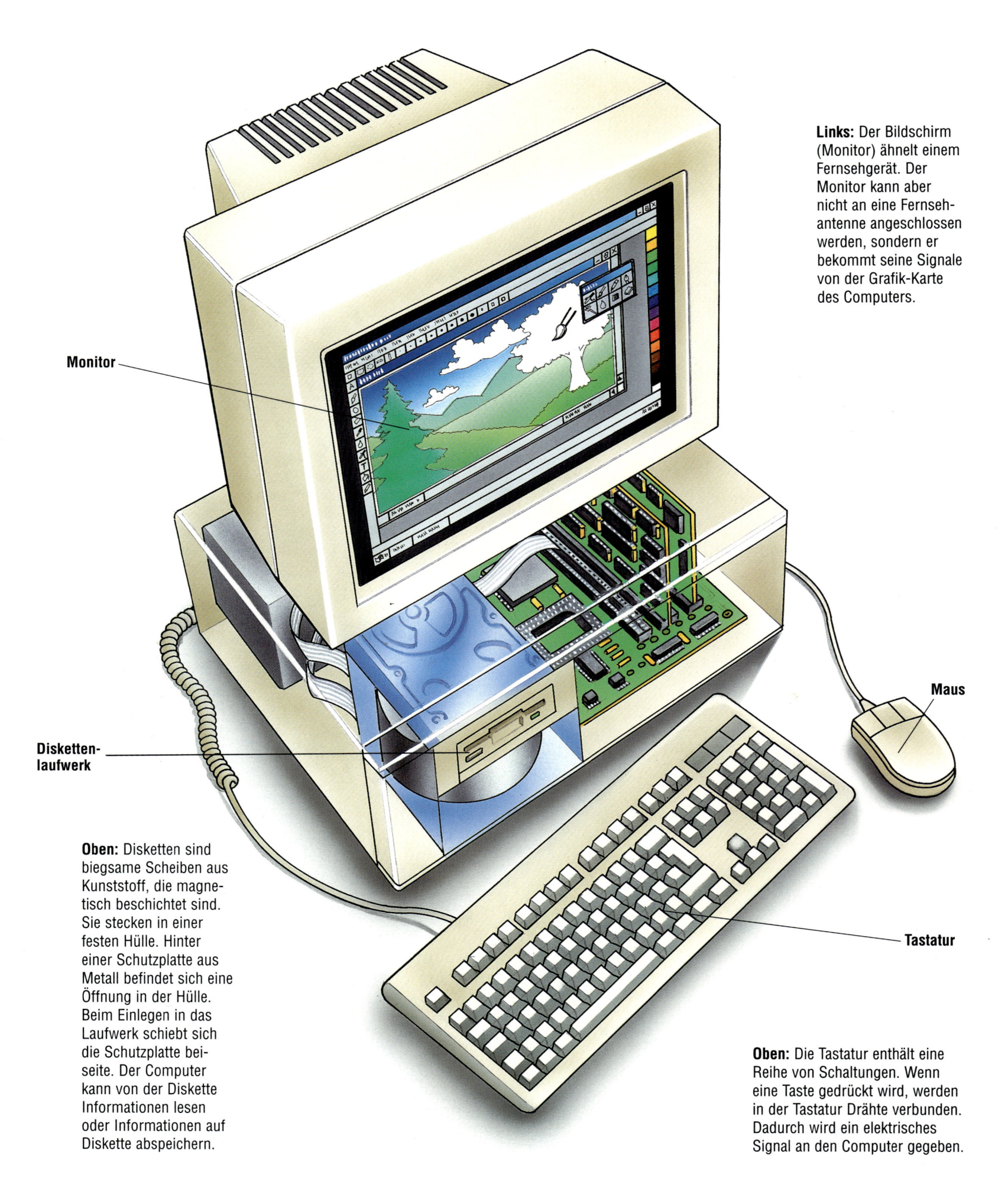

Links: Der Bildschirm (Monitor) ähnelt einem Fernsehgerät. Der Monitor kann aber nicht an eine Fernsehantenne angeschlossen werden, sondern er bekommt seine Signale von der Grafik-Karte des Computers.

Monitor

Maus

Disketten-
laufwerk

Oben: Disketten sind biegsame Scheiben aus Kunststoff, die magnetisch beschichtet sind. Sie stecken in einer festen Hülle. Hinter einer Schutzplatte aus Metall befindet sich eine Öffnung in der Hülle. Beim Einlegen in das Laufwerk schiebt sich die Schutzplatte beiseite. Der Computer kann von der Diskette Informationen lesen oder Informationen auf Diskette abspeichern.

Tastatur

Oben: Die Tastatur enthält eine Reihe von Schaltungen. Wenn eine Taste gedrückt wird, werden in der Tastatur Drähte verbunden. Dadurch wird ein elektrisches Signal an den Computer gegeben.

DER COMPUTER

Ein Computer besitzt vier Hauptbestandteile: eine Eingabe-Einheit, den Rechner oder Mikroprozessor, ein Speichermedium und eine Ausgabe-Einheit.

Die Eingabe-Einheit besteht aus Tastatur und Maus. Beide werden benutzt, um dem Computer Informationen und Anweisungen zu geben.

Der Mikroprozessor ist das Herzstück des Computers. Er führt alle Rechnungen durch und steuert die verschiedenen Funktionen des Computers. Was der Computer tut, ist durch Computerprogramme festgelegt. Ein solches Programm ist eine Liste von Anweisungen in einer Sprache, die der Computer versteht. Der Mikroprozessor führt alle Rechenschritte so aus, wie es im Programm festgelegt ist.

Die Ergebnisse schreibt der Mikroprozessor in den Arbeitsspeicher. Dort bleiben sie aber nur solange erhalten, bis der Computer abgeschaltet wird.

Wenn die Ergebnisse länger gespeichert bleiben sollen, schreibt der Computer sie auf einen magnetischen Speicher, entweder auf eine Diskette oder auf die Festplatte. Beide funktionieren ähnlich wie ein Tonbandgerät.

Die wichtigsten Ausgabe-Einheiten sind der Bildschirm (Monitor) und der Drucker, mit denen der Computer die Informationen als Texte oder Bilder darstellt.

Computer werden nicht nur zum Rechnen gebraucht, sondern auch zum Schreiben, zum Zeichnen, zum Spielen, oder als Abspielgerät für Musik und Filme. Größere Informationsmengen werden auf einer CD gespeichert. Als Eingabe- und Ausgabegeräte kann man Scanner, Soundkarte und Joystick anschließen. Mit einem Modem kann der Computer Daten in Töne umwandeln und über die Telefonleitung senden und empfangen.

Links: Verschiedene Speichermedien: ein Diskettenlaufwerk, ein Festplattenlaufwerk und ein CD-ROM Laufwerk.

Rechts: Der Mikroprozessor ist das Herz des Computers. Er befindet sich mit anderen Silizium-Chips auf der Hauptplatine des Computers. Silizium-Chips, die auch als integrierte Schaltkreise bezeichnet werden, sind Bauteile moderner Elektronik. Jeder integrierte Schaltkreis enthält einen vollständigen elektronischen Schaltkreis auf einem kleinen Silizium-Chip. Der Chip ist in einer Hülle verpackt, damit er einfacher zu handhaben ist, und wird durch Golddrähte mit den „Beinen" (Anschlußstiften) verbunden. Es gibt eine Reihe von Chip-Typen für die verschiedensten Aufgaben.

DER SILIZIUM-CHIP

Der Chip

Speicherchip

BEI DER ARBEIT

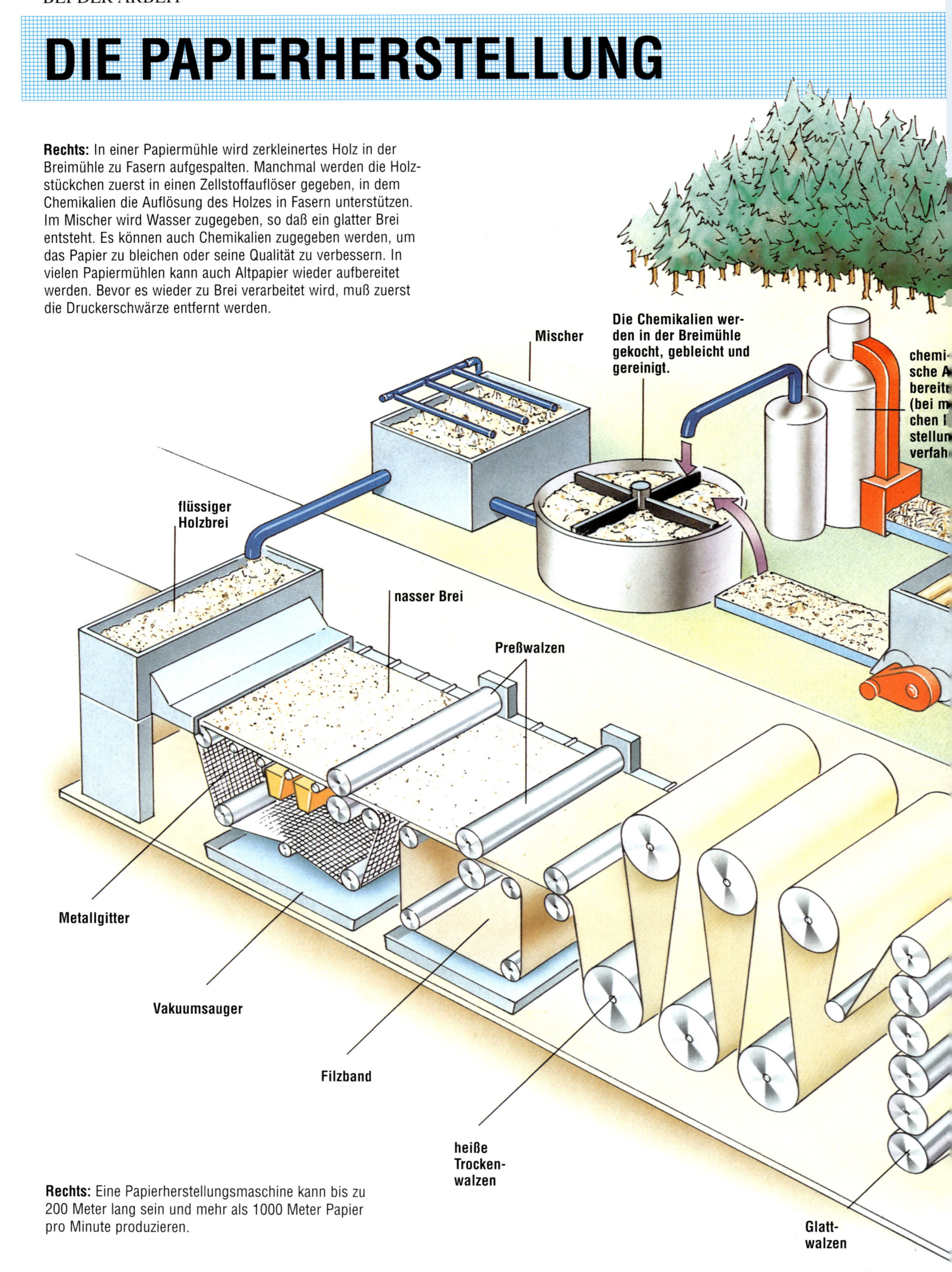

DIE PAPIERHERSTELLUNG

Rechts: In einer Papiermühle wird zerkleinertes Holz in der Breimühle zu Fasern aufgespalten. Manchmal werden die Holzstückchen zuerst in einen Zellstoffauflöser gegeben, in dem Chemikalien die Auflösung des Holzes in Fasern unterstützen. Im Mischer wird Wasser zugegeben, so daß ein glatter Brei entsteht. Es können auch Chemikalien zugegeben werden, um das Papier zu bleichen oder seine Qualität zu verbessern. In vielen Papiermühlen kann auch Altpapier wieder aufbereitet werden. Bevor es wieder zu Brei verarbeitet wird, muß zuerst die Druckerschwärze entfernt werden.

Mischer

Die Chemikalien werden in der Breimühle gekocht, gebleicht und gereinigt.

chemische A
bereit
(bei m
chen
stellun
verfah

flüssiger Holzbrei

nasser Brei

Preßwalzen

Metallgitter

Vakuumsauger

Filzband

heiße Trockenwalzen

Glattwalzen

Rechts: Eine Papierherstellungsmaschine kann bis zu 200 Meter lang sein und mehr als 1000 Meter Papier pro Minute produzieren.

DIE PAPIERHERSTELLUNG

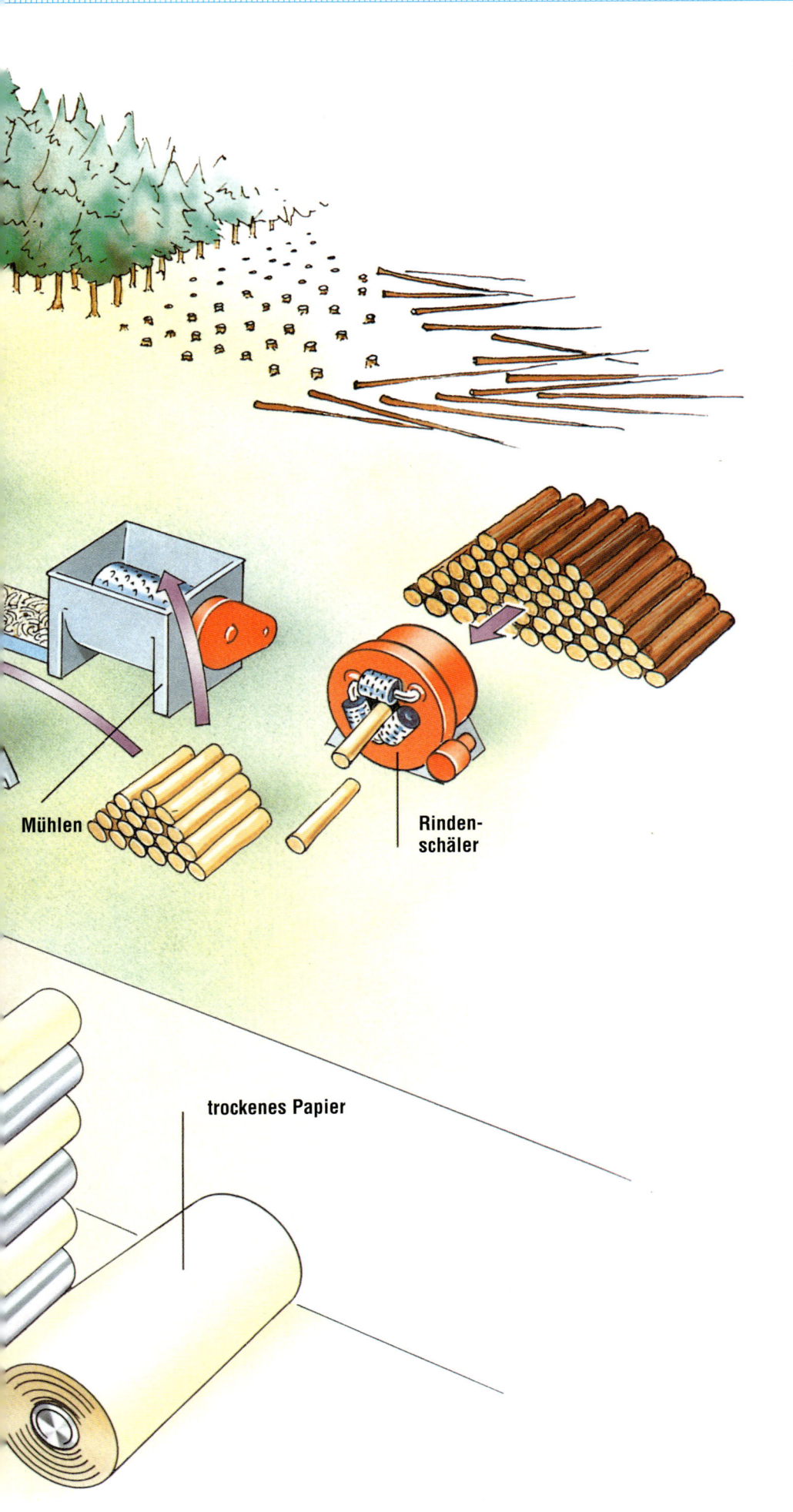

Vor 2000 Jahren entdeckten die Chinesen eine Methode der Papierherstellung. Sie sammelten dazu alte Fischer-Netze, Lumpen und Pflanzenteile, kochten diese Materialien mit Wasser, klopften sie und rührten sie schließlich zu einem nassen, weichen Brei. Ein Netz aus fein verflochtenen Drähten wurde in den Brei getaucht und mit einer Schicht Breimasse wieder herausgeholt. Nachdem das Wasser abgetropft war, wurde die Schicht zu Papier gepreßt und getrocknet.

Heutzutage wird Papier in Maschinen von mehr als 200 Meter Länge hergestellt. Der Herstellungsvorgang ist im Grunde derselbe wie bei den alten Chinesen, nur wird als Rohmaterial Fichten- oder Kiefernholz verwendet. Aus zwölf Bäumen kann man eine Tonne Papier herstellen. Zunächst werden die Stämme entrindet und dann in riesigen Steinmühlen zu einem Brei zermahlen. Der Brei wird mit Chemikalien gekocht, um die Holzfasern aufzulösen, dann gewaschen, gebleicht und in noch feinere Fasern zerschlagen. Schließlich wird er mit Wasser vermischt.

Nach diesen Vorbereitungen wird der Holzbrei in das eine Ende der langen Papierherstellungsmaschine gefüllt. Diese Maschine heißt Fourdrinier nach den englischen Brüdern Henry und Sealy Fourdrinier, die sie 1803 erfanden. Der nasse Brei wird auf einem Endlossieb verteilt, das aus Draht- oder Plastikgewebe besteht. Wasser tropft nun durch das Sieb ab, der Rest wird von den Siebsaugern unter dem Sieb abgesaugt. Der feuchte Brei wird dann zu einem Förderband aus Filz transportiert, wo noch mehr Wasser ausgepreßt wird. Dann wird er durch große dampfbeheizte Walzen geschickt, in denen er gänzlich trocknet. Zum Schluß wird das fast fertige Papier über zahlreiche hochpolierte Rollen geführt, damit die Papieroberfläche geglättet wird. Nun wird das Papier entweder auf Rollen gewickelt oder in Bogen zerschnitten.

BEI DER ARBEIT

DAS DRUCKVERFAHREN

Johannes Gutenberg, ein deutscher Goldschmied, erfand 1450 den Buchdruck mit beweglichen Lettern. Dabei wurden einzelne Buchstaben in kleine Holzblöcke geritzt und der Hintergrund so weggeschnitten, daß die Form der Buchstaben erhaben stehenblieb. Diese geschnitzten Lettern (oder auch Drucktypen) wurden mit Druckfarbe eingefärbt und mit einfachen Maschinen auf das Papier gepreßt, wodurch die Buchstaben abgedruckt wurden. Dieses Verfahren heißt Buch- oder auch Hochdruck. Es wird noch heute eingesetzt, obwohl zwei andere Verfahren gebräuchlicher sind, der Flachdruck und der Tiefdruck.

Beim Flachdruck wird die Form der Buchstaben fotografisch auf eine Metallplatte aufgebracht. Die Platte wird dann mit Chemikalien behandelt, die dafür sorgen, daß die Druckfarbe nur auf dem Abbild der Buchstaben, nicht aber auf dem Rest der Platte haftet. Häufig ist die Platte um eine zylindrische Walze gespannt, die sich mit hoher Geschwindigkeit dreht. Während des Drehens wird die Druckplatte gegen das Papier gedrückt, das von einer großen Rolle zugeführt wird. In einem ähnlichen Verfahren, dem Offsetdruck, überträgt die eingefärbte Druckplatte das Druckbild erst auf einen gummibespannten Zylinder, von dem dann auf das Papier gedruckt wird.

Beim Tiefdruck wird die Form der Buchstaben durch Säuren in die Metalloberfläche der Druckplatte geätzt. Die Druckfarbe wird dann in die entstandenen Vertiefungen gebracht und die Druckplatte schließlich gegen das Papier gepreßt, wodurch die Buchstaben gedruckt werden.

Wie beim Flachdruck ist die Druckplatte auch hier häufig auf einen Zylinder gespannt, um den Druck mit hoher Geschwindigkeit zu ermöglichen.

Um eine Druckplatte herzustellen, werden zunächst die Wörter von Satzmaschinen mit schreibmaschineähnlichen Tastaturen auf photographischem Film abgebildet. Mit Hilfe von Licht, das durch den Film auf eine lichtempfindlich beschichtete Druckplatte trifft, wird das Abbild der Schrift auf die Platte übertragen. Nach der gleichen Methode kann man auch Bilder für den Druck vorbereiten. In modernen Druckereien werden die Buchstaben und Bilder direkt vom Computer auf den Druckzylinder graviert.

Rechts: Eine Rotationsmaschine. Diese Vierfarben-Offset-Rotation bedruckt beide Seiten einer zusammenhängenden Papierbahn, die vier Zeitungsseiten breit ist. Verschiedene Farben werden gleichzeitig gedruckt, wozu unterschiedliche Druckplatten (die Stereos) verwendet werden. Die Maschine schneidet die Papierbahn und falzt die einzelnen Abschnitte bis zur fertigen Zeitung. Falls eine Papierbahn aufgebraucht ist, wird automatisch Papier von einer anderen Rolle zugeführt, so daß die Presse ohne anzuhalten weiterlaufen kann.

Unten: Zum Druck eines vollfarbigen Bildes werden vier verschiedene Druckplatten benötigt. Eine Platte druckt nur die blauen (cyan) Anteile des Bildes, die anderen nur die roten (magenta), gelben und schwarzen Bildanteile. Auf dem Papier werden alle vier Druckplatten übereinander abgedruckt. Die Abbildung zeigt, wie das Farbbild beim Druck aus den vier Farben entsteht.

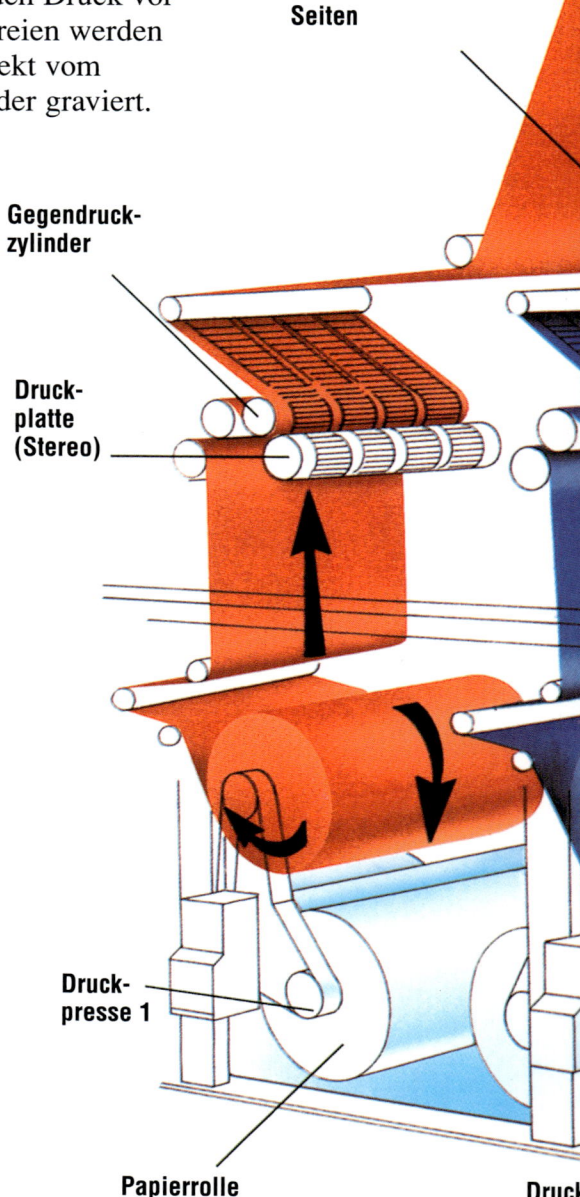

Falzeinheit zum Falzen und Zusammentragen der verschiedenen Seiten

Gegendruckzylinder

Druckplatte (Stereo)

Druckpresse 1

Papierrolle

Druckpresse

DER FARBDRUCKVORGANG

Cyan (Blau)　　　Magenta (Rot)　　　Gelb　　　Schwarz

44

DAS DRUCKVERFAHREN

Papierschneider

Gegendruck-
zylinder

Druckplatte
(Stereo)

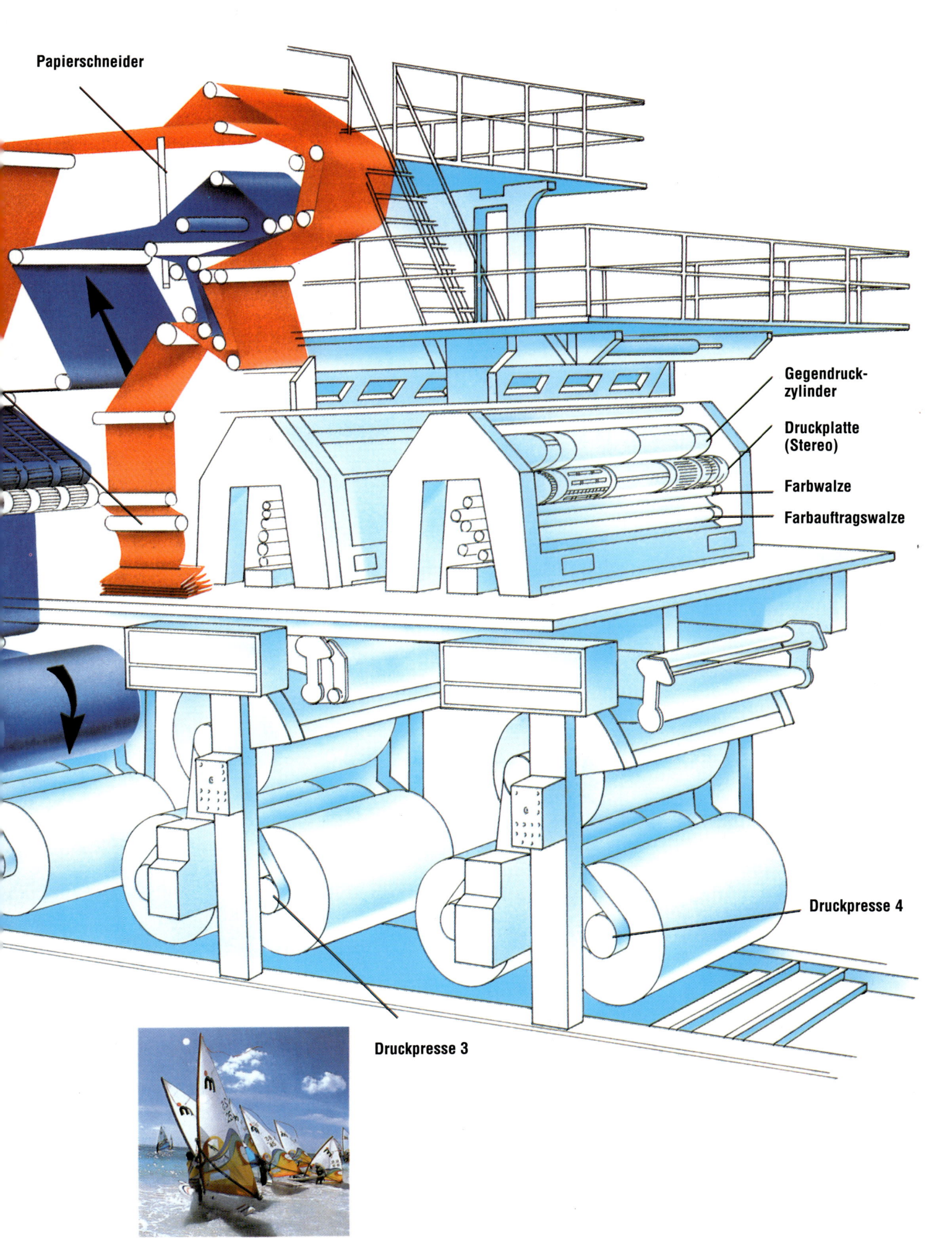

Farbwalze

Farbauftragswalze

Druckpresse 4

Druckpresse 3

vollständiges Bild

45

BEI DER ARBEIT

STAHLERZEUGUNG

Stahl ist das meistverwendete und wichtigste Metall. Er ist eine Legierung (Mischung) aus Eisen und geringen Mengen an Kohlenstoff.

Der erste Schritt bei der Stahlherstellung ist die Eisenproduktion im Hochofen, einem großen aufrechten Zylinder, mit über 45 m Höhe und mindestens 15 m Druchmesser. Dazu werden Eisenerz (ein Mineral mit hohen Eisenbestandteilen), Koks (durch Erhitzen entschwefelte Kohle) und Kalkstein von oben in den Hochofen geschüttet.

Durch am Boden verteilte Öffnungen, die als Winddüsen bezeichnet werden, gelangt sehr heiße Luft in den Hochofen. Innen verbrennt der Koks, wobei er das Eisenerz zum Schmelzen bringt und das Gas Kohlenmonoxid entsteht. Das Kohlenmonoxid verbindet sich mit dem im Eisenerz enthaltenen Sauerstoff, und das Eisen wird frei. Das Eisen fließt auf den Grund des Ofens. Wenn sich dort genug flüssiges Eisen angesammelt hat, wird abgestochen. So nennt man das Öffnen des Ofens, um das Eisen abfließen zu lassen.

Das im Hochofen erzeugte Eisen nennt man Roheisen. Aus ihm wird Stahl gewonnen, indem man den größten Teil des in ihm noch enthaltenen Kohleanteils entfernt. Dies geschieht in einem Konverter, der wie eine große Stahlflasche aussieht.

Bei diesem Vorgang wird zuerst das geschmolzene Eisen von oben in den Konverter gegossen. Manchmal wird auch Eisenschrott dazugegeben. Dann wird eine lange Röhre in das geschmolzene Eisen gesenkt und ein starker Sauerstoffstrahl durch die Röhre geblasen.

Der Sauerstoff verbrennt den größten Teil der Kohle im Roheisen und härtet es so zu Stahl. Wenn der Vorgang abgeschlossen ist – die Produktion von 300 Tonnen Stahl dauert nur ca. 30 Minuten –, wird der Konverter auf die Seite gekippt. Der Stahl wird in Formen gegossen und schließlich zu flachen Platten gewalzt.

Rechts: In einer Stahlfabrik werden Eisenerz, Koks und Kalkstein in den Hochofen gegeben. Erhitzte Luft wird durch ein Gebläse in den Hochofen geblasen. Vom Boden des Hochofens wird das geschmolzene Roheisen entfernt und in den Konverter gegeben. In den Konverter wird Sauerstoff eingeblasen, der die Kohle aus dem Eisen herausbrennt. Dabei wird Stahl erzeugt. Der Stahl wird aus dem Konverter gegossen und zu Blöcken geformt.

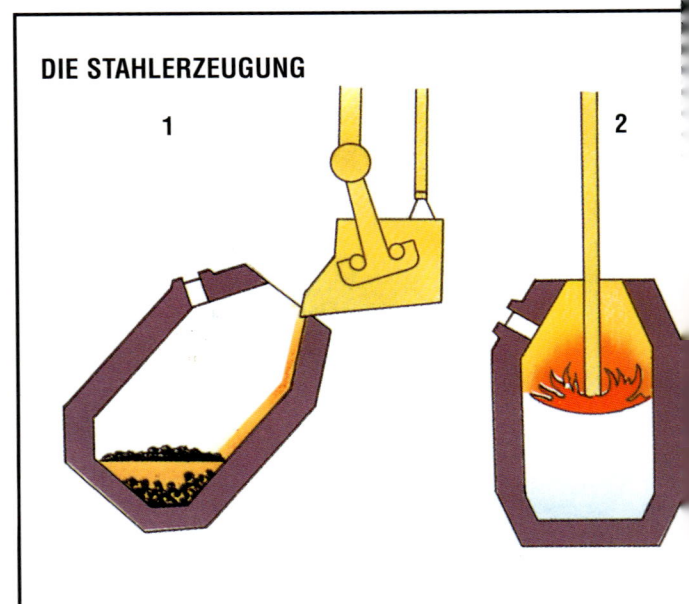

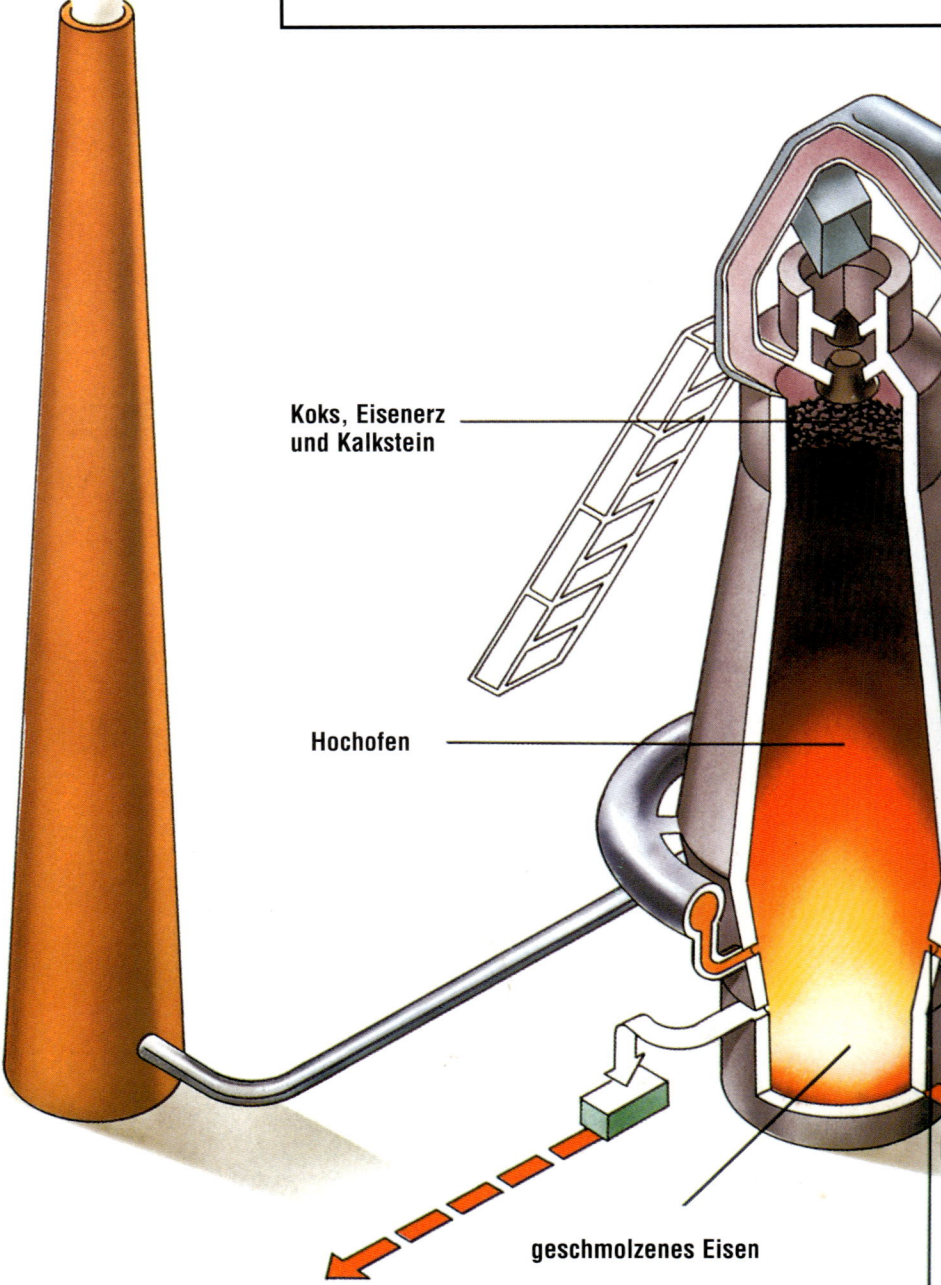

DIE STAHLERZEUGUNG

1

2

Koks, Eisenerz und Kalkstein

Hochofen

geschmolzenes Eisen

Winddü

STAHLERZEUGUNG

Links: Der Vorgang der Stahlerzeugung:
1) Der Konverter wird mit Stahlabfällen, Kalkstein (zur Entfernung von Verunreinigungen) und geschmolzenem Roheisen gefüllt.
2) Ein wassergekühltes Rohr, das als Sauerstofflanze bezeichnet wird, wird in den Konverter gesenkt und Sauerstoff eingeblasen.
3) Der Konverter wird gekippt, und der geschmolzene Stahl wird ausgegossen.

Sauerstofflanze bläst unter hohem Druck Sauerstoff in das geschmolzene Roheisen

Pumpenhaus, von hier wird Luft in den Hochofen gepumpt

Winderhitzer heizt Luft auf

Sauerstofftank

Stahlkonverter

Stahl wird aus dem Konverter gegossen

Roheisen

Staubfilter

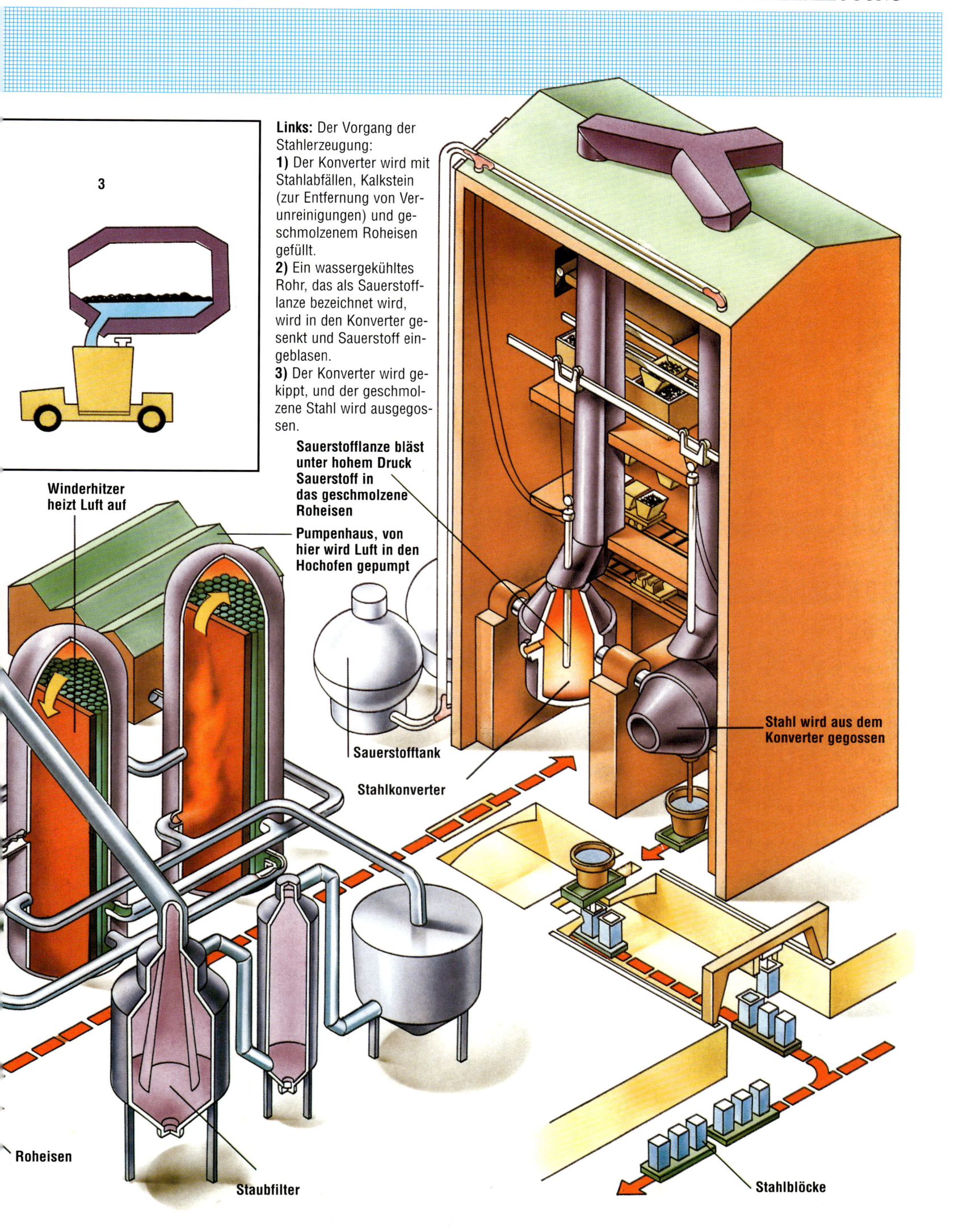

Stahlblöcke

BEI DER ARBEIT

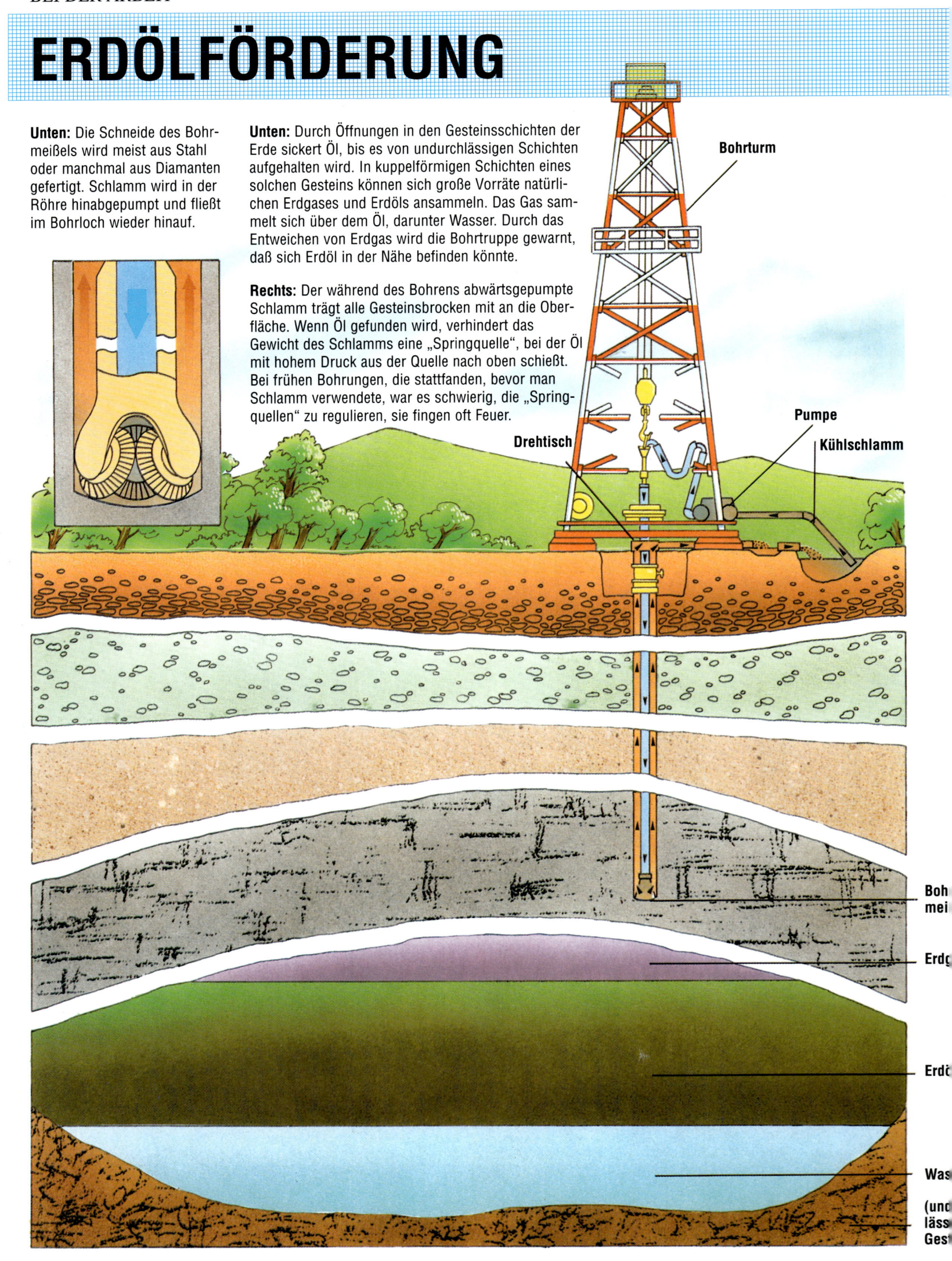

ERDÖLFÖRDERUNG

Unten: Die Schneide des Bohrmeißels wird meist aus Stahl oder manchmal aus Diamanten gefertigt. Schlamm wird in der Röhre hinabgepumpt und fließt im Bohrloch wieder hinauf.

Unten: Durch Öffnungen in den Gesteinsschichten der Erde sickert Öl, bis es von undurchlässigen Schichten aufgehalten wird. In kuppelförmigen Schichten eines solchen Gesteins können sich große Vorräte natürlichen Erdgases und Erdöls ansammeln. Das Gas sammelt sich über dem Öl, darunter Wasser. Durch das Entweichen von Erdgas wird die Bohrtruppe gewarnt, daß sich Erdöl in der Nähe befinden könnte.

Rechts: Der während des Bohrens abwärtsgepumpte Schlamm trägt alle Gesteinsbrocken mit an die Oberfläche. Wenn Öl gefunden wird, verhindert das Gewicht des Schlamms eine „Springquelle", bei der Öl mit hohem Druck aus der Quelle nach oben schießt. Bei frühen Bohrungen, die stattfanden, bevor man Schlamm verwendete, war es schwierig, die „Springquellen" zu regulieren, sie fingen oft Feuer.

Bohrturm
Pumpe
Kühlschlamm
Drehtisch

Bohrmeißel
Erdgas
Erdöl
Wasser
(undurchlässiges Gestein)

ERDÖLFÖRDERUNG

Im August 1859 bohrte Edwin L. Drake in Titusville, Pennsylvania (USA), die erste Erdölquelle an.

Eine Erdölquelle wird durch einen scharfen und harten Bohrmeißel angebohrt. Der Bohrmeißel ähnelt dem Bohrer des Zahnarztes, ist aber viel größer. An seiner Spitze befinden sich speziell gehärtete Stähle und häufig sogar Diamanten, um durch harte Gesteinsschichten vorzustoßen. Miteinander verbundene Rohrstücke bilden die Mitnehmerstange, die sich beim Bohren des Loches dreht. Über der Quelle steht der Bohrturm. Er sieht aus wie ein Hochspannungsmast und dient dazu, die Bohrspitze und Rohre in die Quelle zu senken.

Bohrspitze und Mitnehmerstange werden vom Drehtisch am Fuß des Bohrturms gedreht. Während sich die Bohrspitze in den Boden frißt, schiebt sich das Rohr durch das Loch im Drehtisch. Wenn der Bohrmeißel so tief gekommen ist, daß schon fast das Ende des ersten Rohrstücks erreicht ist, wird der Bohrvorgang abgebrochen. Ein neues Rohrstück wird oben auf die Mitnehmerstange gesetzt, und dann beginnt das Bohren von neuem.

Während des Bohrvorgangs wird ein besonderer Bohrschlamm in den Röhren abwärtsgepumpt. Dieser Schlamm kühlt den Bohrmeißel, hält ihn feucht und fließt anschließend wieder aus der Quelle nach oben, wo er erneut benutzt wird. Der Schlamm stützt auch die Seitenwände des Bohrlochs und verhindert Einbrüche. Doch so bald wie möglich wird eine stärkere Absicherung vorgenommen. Das Loch wird mit einem Stahlrohr, dem sogenannten Futterrohr, ausgekleidet. Dann wird zwischen das Futterrohr und die Wände des Bohrlochs Beton gegossen.

Oben am Bohrloch ist ein Sicherheitsventil, Bohrlochverschluß genannt, befestigt. Falls durch den Druck des Öls Schlamm und Öl im Bohrloch hochgetrieben werden, kann das Ventil geschlossen werden. Später, wenn der Bohrvorgang beendet ist, wird ein Ventil mit der Bezeichnung „Steigrohrkopf" am Bohrloch installiert, so kann das Öl in stetigem Fluß entnommen werden.

Unten: Es gibt verschiedene Arten von Bohrinseln zur Ölförderung aus dem Meeresboden. Halbtaucher-Bohrinseln (links) schwimmen auf dem Meer. Sie sind mit Kabeln auf dem Meeresgrund verankert. Die Magnus-Bohrinsel (Mitte) steht auf riesigen Stahlbeinen. Eine Produktionsplattform (rechts) wird über große Tanks gebaut, die auf dem Meeresboden stehen. Das Öl aus mehreren Quellen wird in den Tanks gelagert, bis es an Land gebracht werden kann.

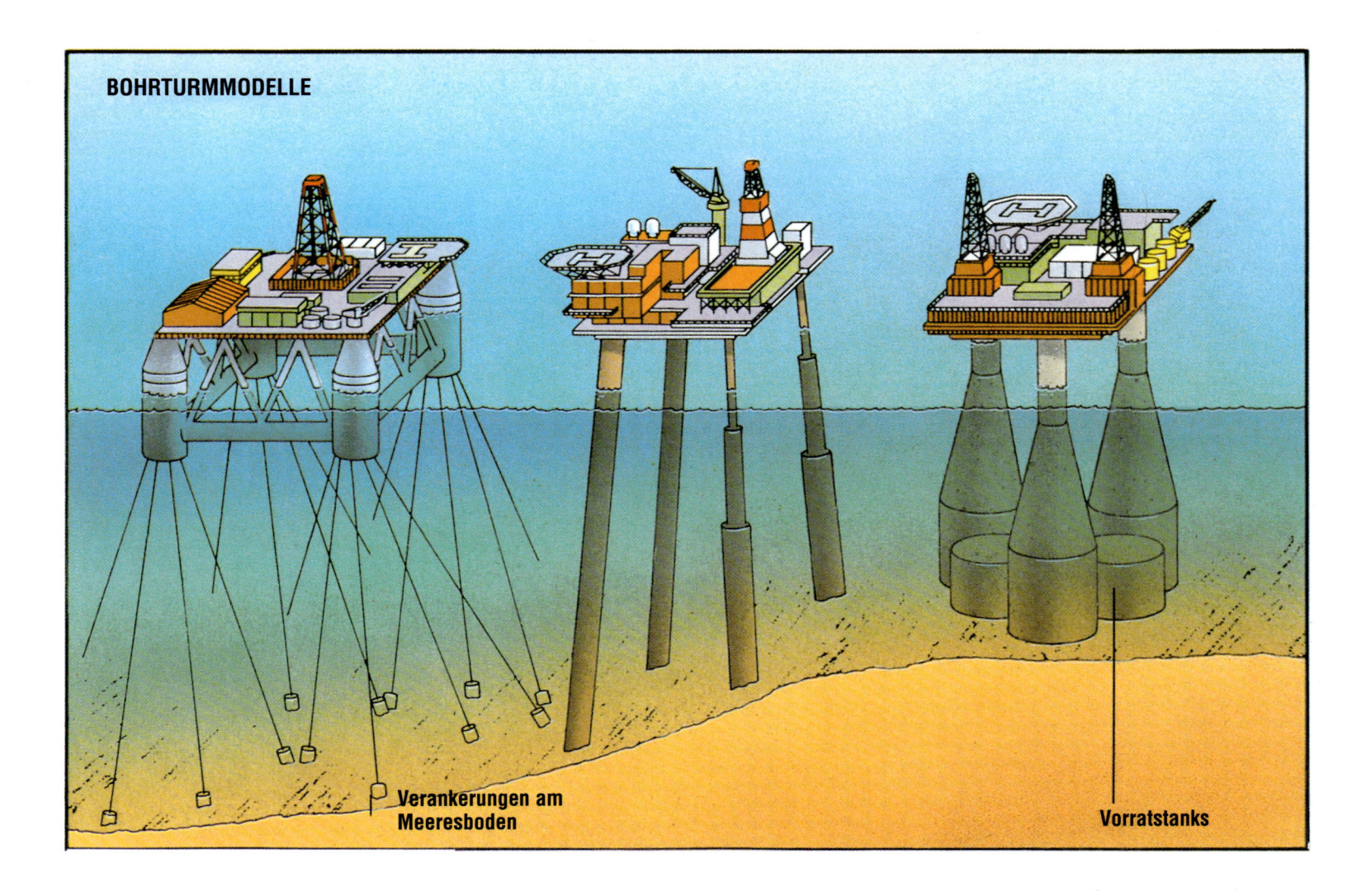

BOHRTURMMODELLE

Verankerungen am Meeresboden

Vorratstanks

BEI DER ARBEIT

DIE ERDÖLRAFFINERIE

Erdöl ist wertvoll, weil so viele nützliche Substanzen daraus gewonnen werden können. Benzin, Schmieröle, Bitumen, Dieselkraftstoff, Paraffin, Kerosin und Paraffinwachs werden aus Erdöl hergestellt. Außerdem sind viele Kunststoffe, Medikamente, Farben, Sprengstoffe und Schädlingsbekämpfungsmittel aus Substanzen hergestellt, die ursprünglich aus Erdöl gewonnen wurden.

Rohöl, wie es aus der Ölquelle kommt, ist schwarz und dickflüssig. Es muß raffiniert, gereinigt und in nützlichere Substanzen überführt werden, ehe man es verwenden kann. Der erste Schritt bei der Raffination ist die Erhitzung des Rohöls. Dabei werden Gase frei. Dieser Vorgang heißt Destillation. Die Gase werden dann in eine hohe Säule geleitet, die Destillationskolonne. Sie strömen in der Kolonne hinauf und entweichen dabei durch Löcher in Zwischenböden, die quer in der Kolonne angebracht sind. Beim Aufsteigen kühlen sie sich ab. Wenn die verschiedenen Gase ausreichend abgekühlt sind, werden sie flüssig. Die Flüssigkeit sammelt sich in den Zwischenböden und wird durch Rohre abgeleitet. Jedes Rohr entzieht der Kolonne eine andere Flüssigkeit, die sogenannte Fraktion.

An der Spitze der Kolonne wird die leichteste Fraktion abgezogen, die schwerste am Boden der Kolonne. Propangas, das als Campinggas nützlich ist, wird an der Spitze gewonnen, Bitumen am Boden. Dazwischen werden Benzin, Petroleum, Motoröl und Paraffinwachs gewonnen.

Schwere Fraktionen wie Wachs können in leichtere, wertvollere Fraktionen umgewandelt werden. Bei diesem Vorgang wird ein chemischer Katalysator verwendet – eine Substanz, die die Reaktionen beschleunigt –, um die schweren Fraktionen zu kracken (zu brechen). Es ist auch möglich, leichtere Fraktionen in schwerere umzuwandeln. Dieser Vorgang heißt Reformieren. Durch die Anwendung dieser Verfahren ist es möglich, viele verschiedene Chemikalien aus den verschiedenen Fraktionen herzustellen.

Rechts: Das Rohöl tritt in das System ein und gelangt, nachdem es mit dem Katalysator aus dem Regenerator gemischt wurde, zum Reaktor. Dort wird ein Teil des Öls in einfachere Substanzen gespalten. Die dabei entstehenden Dämpfe werden in die Destillationskolonne gepumpt, wo sie in Petroleumgase, leichte und schwere Öle und den teerartigen Rückstand aufgespalten werden. Der Katalysator wird, mit Dampf und Heißluft vermischt, wieder dem Regenerator zugeführt und für die Wiederverwendung gereinigt.

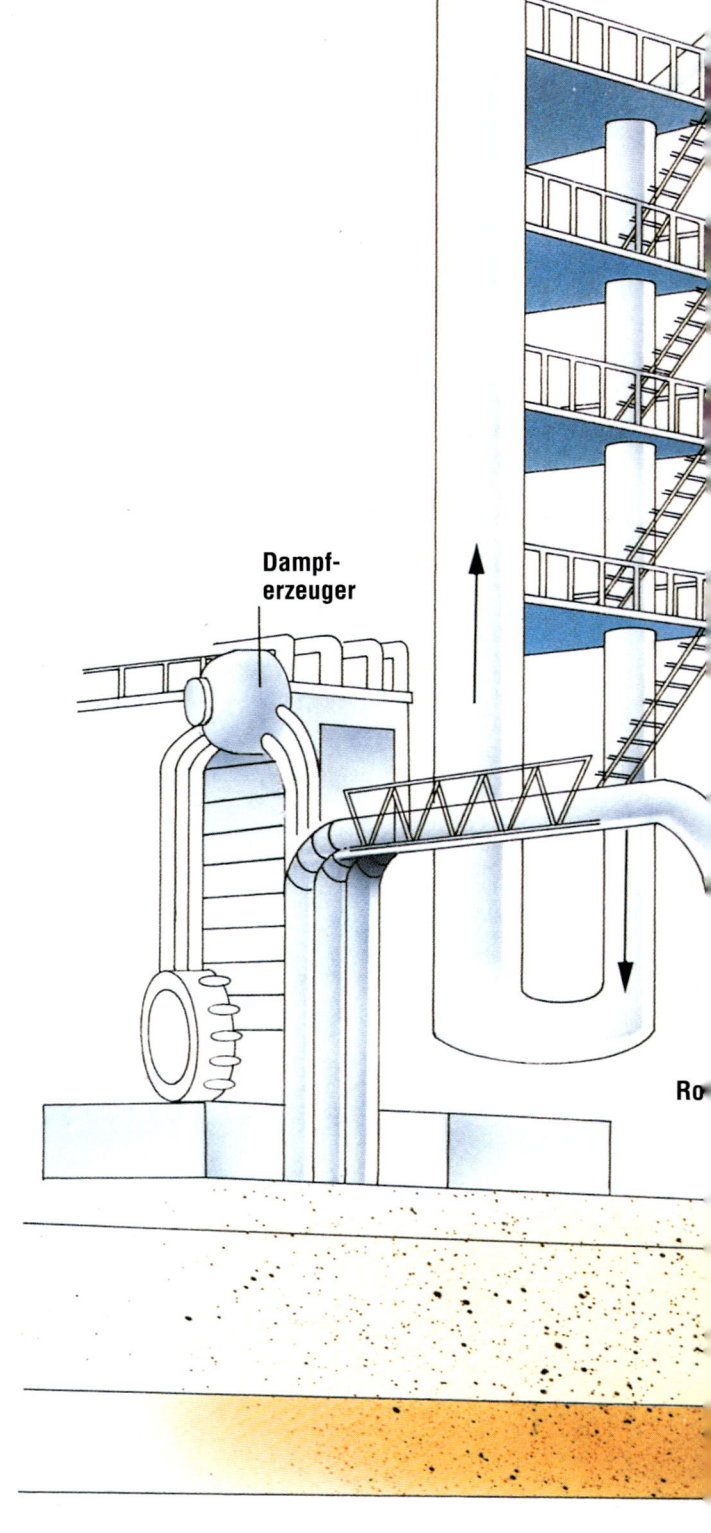

DIE ERDÖLRAFFINERIE

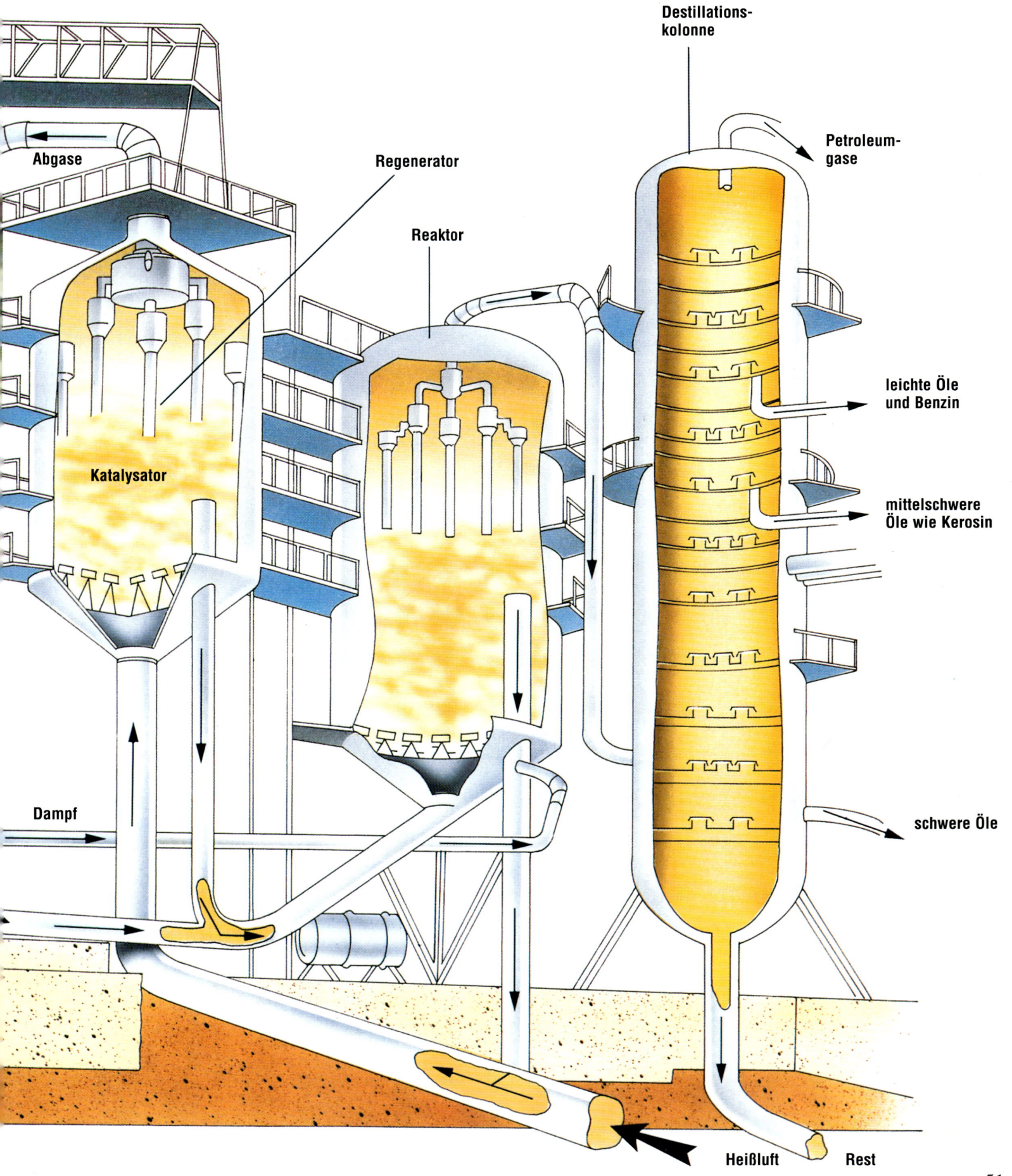

- Abgase
- Regenerator
- Reaktor
- Katalysator
- Dampf
- Destillationskolonne
- Petroleumgase
- leichte Öle und Benzin
- mittelschwere Öle wie Kerosin
- schwere Öle
- Heißluft
- Rest

BEI DER ARBEIT

DER LASER

Unten: Ein Gas-Laser. Das Licht, das von einem Laser erzeugt wird, ist absolut einfarbig. Bei der Glühlampe, die rot leuchten soll, müßte man ein rotes Glas verwenden. Ein roter Laser erzeugt schon im Innern nur rotes Licht. Die Lichtstrahlen laufen alle in eine Richtung, sie sind parallel. Bei einem Scheinwerfer mit Glühlampe müßte man einen Reflektor und eine Linse aus Glas verwenden, um das Licht zu bündeln.

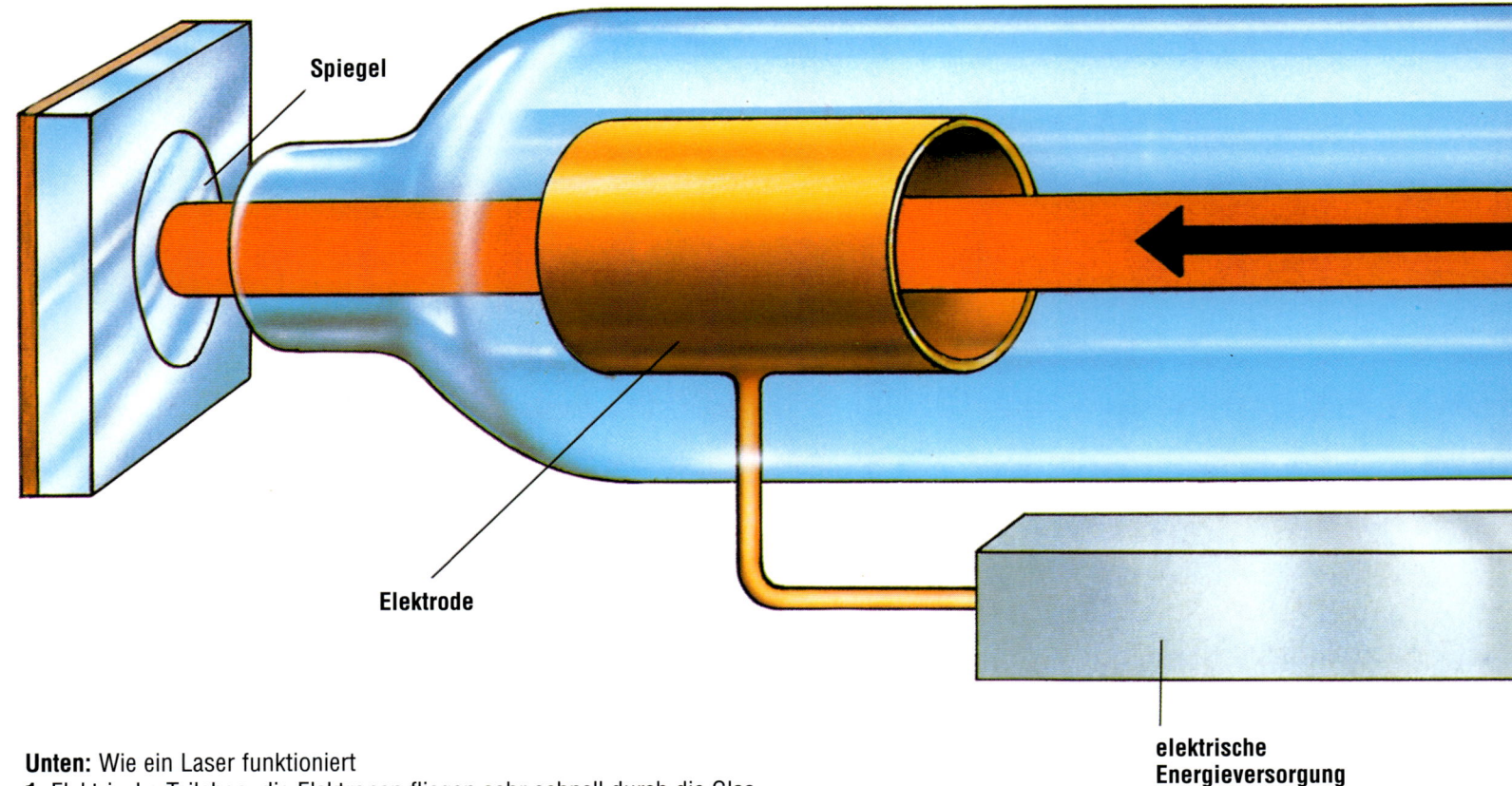

Spiegel

Elektrode

elektrische Energieversorgung

Unten: Wie ein Laser funktioniert
1. Elektrische Teilchen, die Elektronen fliegen sehr schnell durch die Glasröhre. Die Elektronen stoßen mit den Gasatomen zusammen. Das regt die Gasatome zur Abgabe von Lichtimpulsen an, die man Photonen nennt.
2. Ein Photon, das auf ein Atom trifft, regt dieses zur Abgabe eines weiteren Photons an.
3. Die Photonen bewegen sich zwischen den Spiegeln hin und her. Je mehr Atome Photonen aussenden, um so mehr gewinnt der Lichtstrahl an Stärke. Einer der beiden Spiegel wirft nicht alles Licht zurück, sondern läßt einen Teil des Lichts hindurch. Die Photonen können den Laser als Lichtstrahl verlassen, nachdem sie einige Male hin und her gependelt sind.

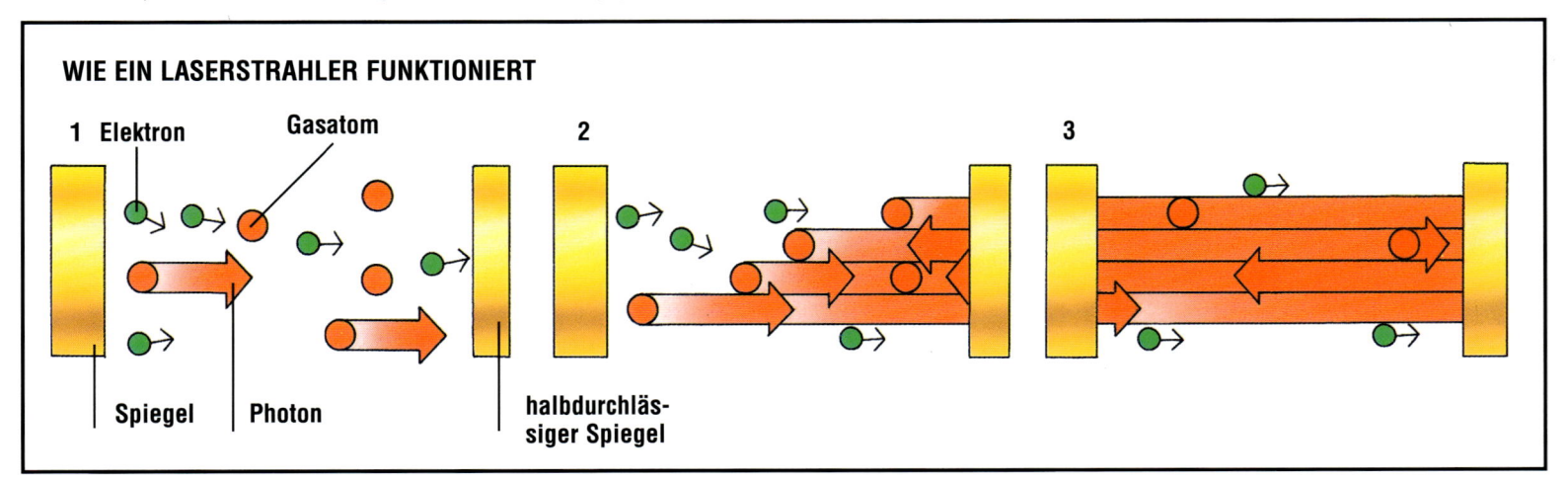

WIE EIN LASERSTRAHLER FUNKTIONIERT

1 Elektron Gasatom

2

3

Spiegel Photon halbdurchlässiger Spiegel

DER LASER

Laserstrahl · **halbdurchlässiger Spiegel**

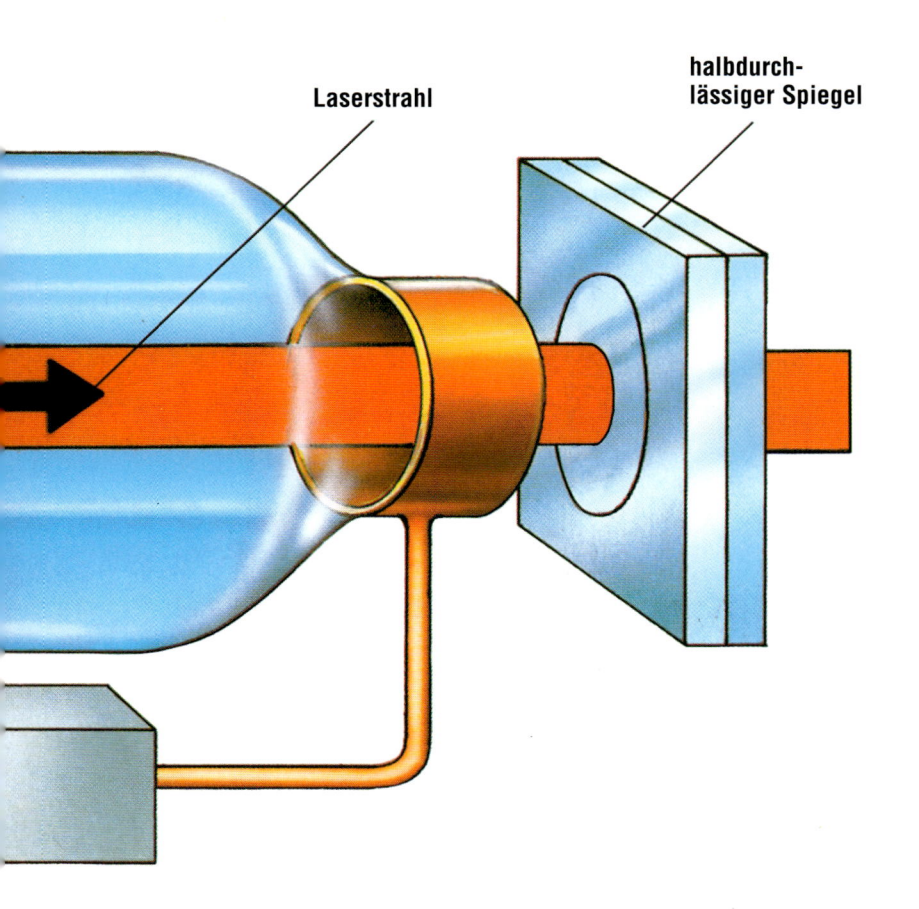

Unten: Laserdioden sind viel kleiner als Gas-Laser. Laserdioden werden im Laserpointer, im CD-Player und im CD-ROM-Laufwerk verwendet. Von der Laserdiode ist nur das Metallgehäuse zu erkennen. Die eigentliche Laserdiode ist so klein wie ein Sandkorn, gibt aber genauso viel Licht ab wie ein Gas-Laser.

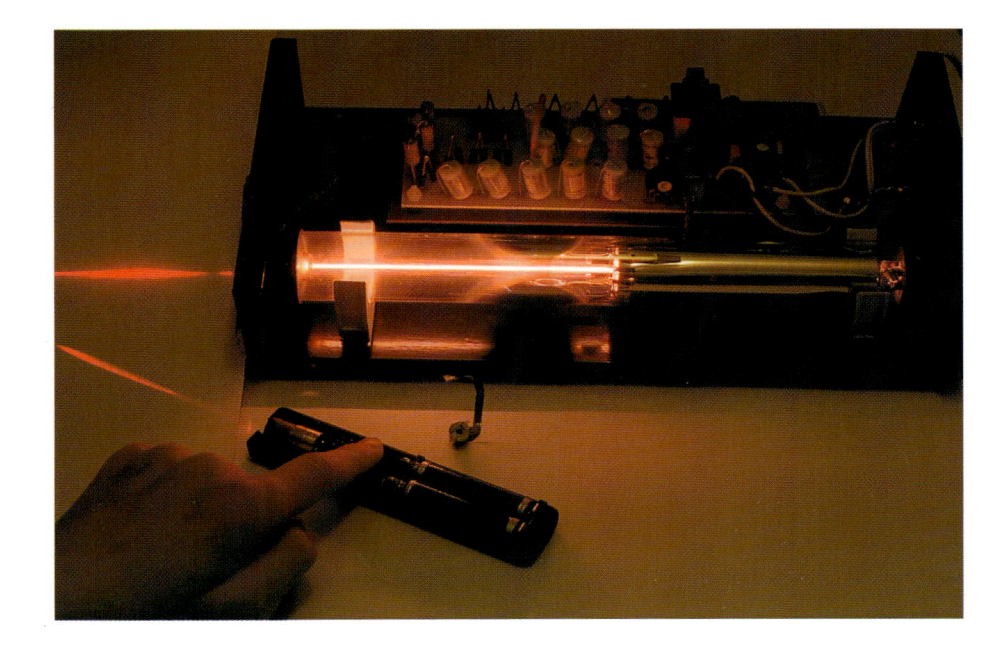

Der Laser erzeugt einen sehr hellen und dünnen Lichtstrahl, der sehr viel besser gebündelt ist als das Licht aus einer Taschenlampe. Der Laserstrahl erzeugt auch nach einer weiten Strecke nur einen kleinen, sehr hellen Lichtfleck. Man benutzt Laser zum Beispiel zum Schweißen, in der Augenchirurgie oder für die Lichteffekte in Diskotheken.

Das Wort Laser ist eigentlich eine Aneinanderreihung von Anfangsbuchstaben der englischen Begriffe „Light Amplification by Stimulated Emission of Radiation" (Lichtverstärkung durch angeregte Aussendung von Strahlung). Dieser Name soll ausdrücken, daß der Laser Atome anregt, einen Lichtstrahl zu verstärken.

Im Gas-Laser wird eine enge, mit den Edelgasen Neon und Helium gefüllte Glasröhre zur Erzeugung des Laserstrahls verwendet. An beiden Enden der Glasröhre befindet sich je ein Spiegel, von denen der eine halbdurchlässig ist, damit der Lichtstrahl hindurch gelangt.

In der Röhre sind zwei Metall-Elektroden. Wenn die Elektroden mit einer Stromquelle verbunden werden, fließt ein elektrischer Strom durch die Röhre und die Gasatome nehmen Energie aus dem Strom auf. Nach kurzer Zeit kann eines der Atome die aufgenommene Energie nicht mehr halten. Es gibt die Energie als kleinen Lichtimpuls ab, den man Photon nennt. Das freigesetzte Photon trifft nun auf andere Atome und regt diese an, ebenfalls ihre Energie in Form von Lichtimpulsen freizusetzen. Das Gas in der Glasröhre verhält sich genau umgekehrt wie eine Sonnenbrille. Eine Sonnenbrille verschluckt einen Teil des Lichts. Die Gasatome geben dagegen zusätzlich Licht, wenn sie vom Licht getroffen werden. Da alle Atome gleichzeitig ihre Lichtimpulse in die gleiche Richtung abgeben, entsteht ein dünner, aber sehr heller Lichtstrahl, der sich zwischen den Spiegeln hin und herbewegt. Je mehr Atome er trifft und zur Lichtabgabe anregt, desto heller wird der Lichtstrahl. Ein Teil der Photonen kann den Laser durch den halbdurchlässigen Spiegel verlassen – das ist der Laserstrahl.

BEI DER ARBEIT

DER STRICHCODE-LESER

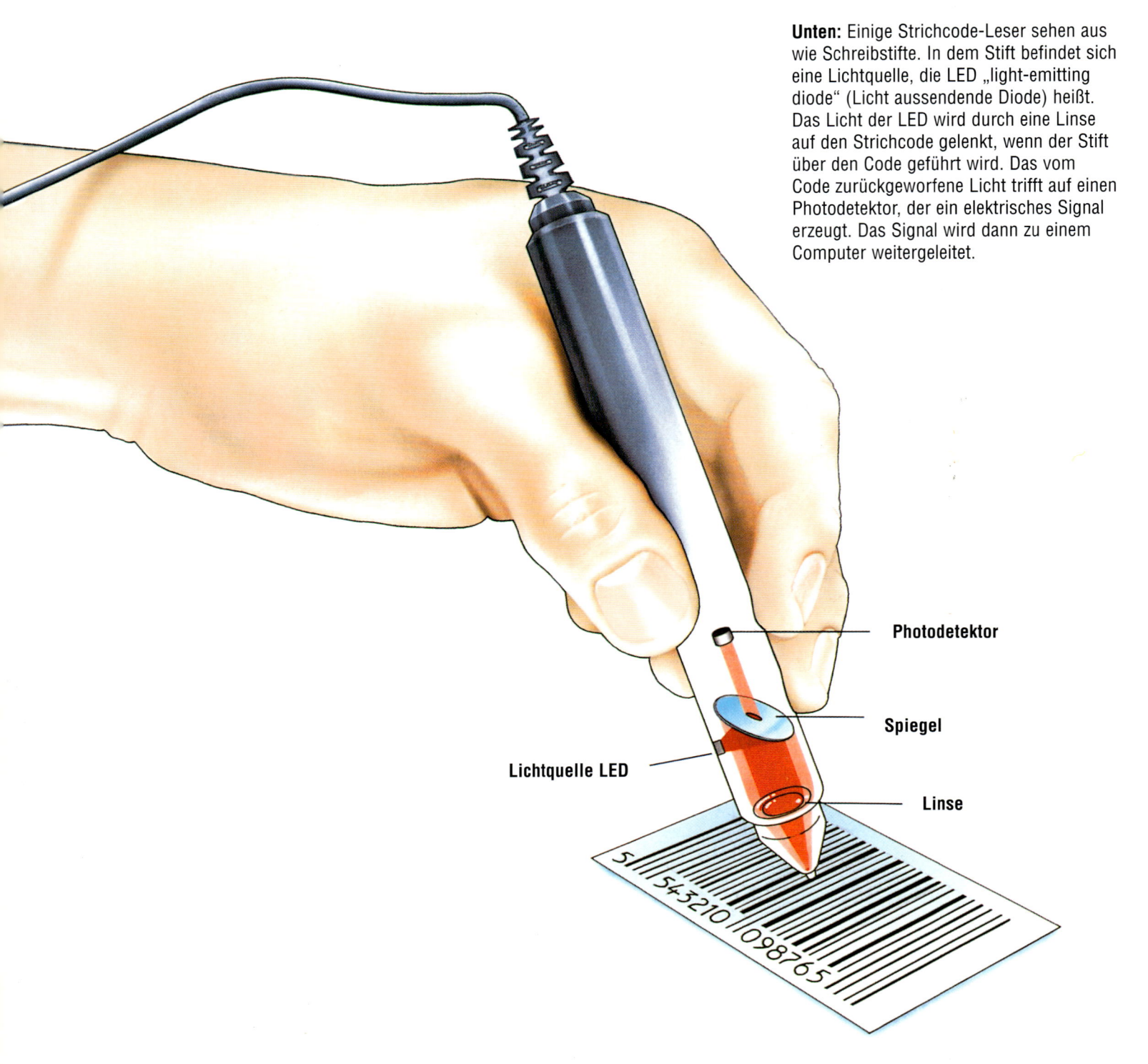

Unten: Einige Strichcode-Leser sehen aus wie Schreibstifte. In dem Stift befindet sich eine Lichtquelle, die LED „light-emitting diode" (Licht aussendende Diode) heißt. Das Licht der LED wird durch eine Linse auf den Strichcode gelenkt, wenn der Stift über den Code geführt wird. Das vom Code zurückgeworfene Licht trifft auf einen Photodetektor, der ein elektrisches Signal erzeugt. Das Signal wird dann zu einem Computer weitergeleitet.

- Photodetektor
- Spiegel
- Lichtquelle LED
- Linse

Ein Strichcode ist ein rechteckiger Block aus schwarzen und weißen Linien. Man kann ihn auf Lebensmittelverpackungen und anderen Waren sehen.

Die schwarzen und weißen Linien unterschiedlicher Breite geben einem Computer Informationen über die Art und den Preis einer Ware.

Die Informationen des Strichcodes werden über einen Strichcode-Leser an einen Computer übermittelt. Es gibt verschiedene Arten von Strichcode-Lesern. Alle arbeiten aber nach dem gleichen Prinzip.

Zunächst wird ein feiner Lichtstrahl über den Strichcode bewegt. Die schwarzen Linien des Codes reflektieren das Licht weniger gut als die weißen Flächen. Das vom Strichcode zurückgeworfene Licht ist also unterschiedlich hell. Der Strichcode-Leser setzt die Helligkeitsunterschiede des reflektierten Lichtes in ein elektrisches Signal um, das dann zu einem Computer gesandt wird.

DER STRICHCODE-LESER

Unten: In einer Supermarkt-Scannerkasse wird ein Laserstrahl von zwei kleinen sich drehenden Spiegeln und einem größeren sich drehenden Spiegelrad abgelenkt. Das dadurch erzeugte Muster von Lichtstrahlen fällt mit hoher Sicherheit auf den Strichcode einer Verpackung, die über die Öffnung gehalten wird. Der zurückgeworfene Strahl wird über den Spiegel und durch die Linse zum Photodetektor gelenkt. Scanner bedeutet Abtaster.

Strichcode auf Ware

Laser

sich drehender Spiegel

sich drehendes Spiegelrad

sich drehender Spiegel

Photodetektor

Spiegel

Lichtstrahl

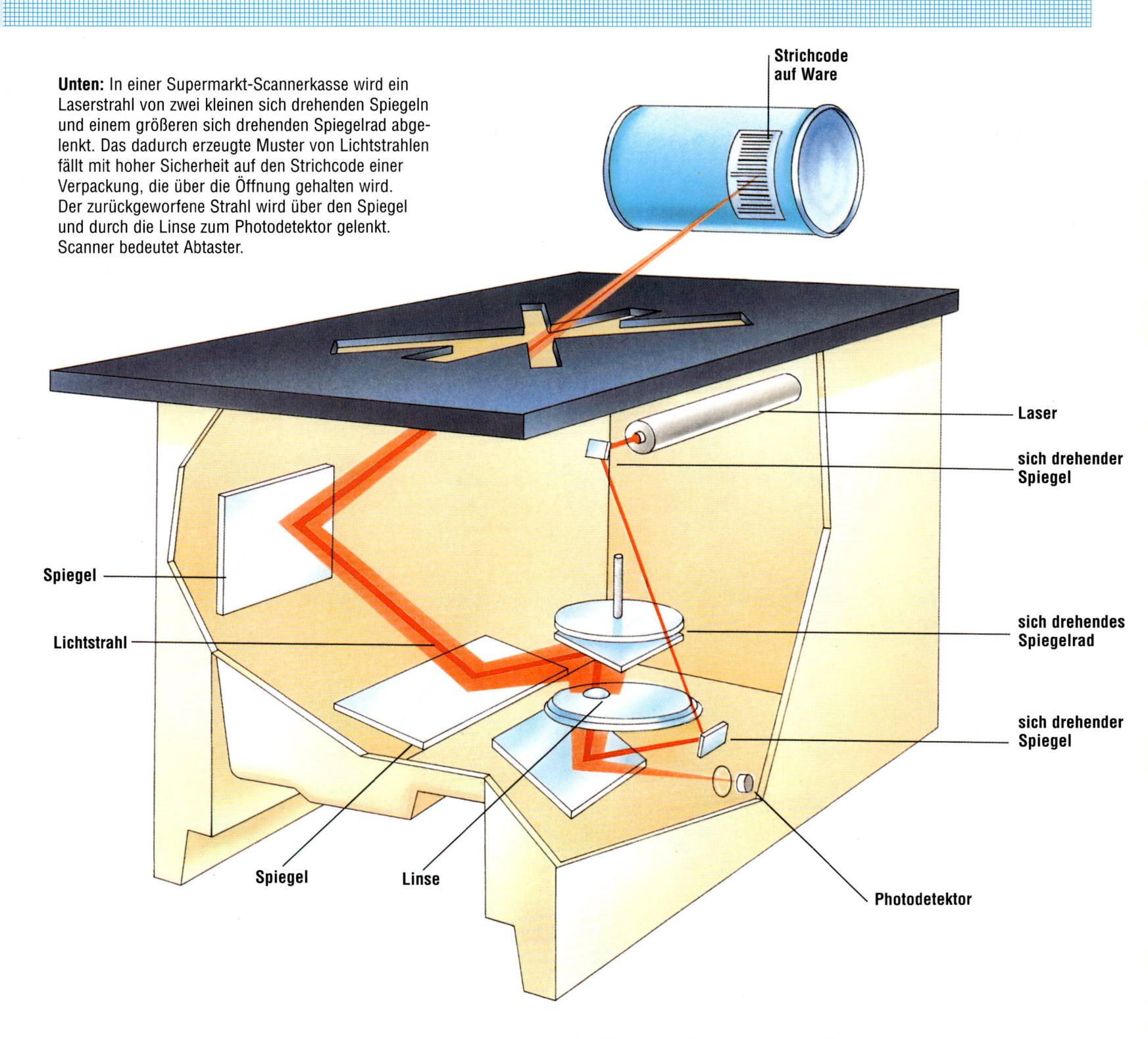

Spiegel

Linse

Mancher Strichcode-Leser sieht aus wie eine Pistole. Er wird in der Hand gehalten und auf den Strichcode gerichtet.
Im Strichcode-Leser befindet sich ein Laser, der einen hellen Lichtstrahl erzeugt. Das Licht trifft auf einen Spiegel, der sich im Strichcode-Leser schnell hin- und herbewegt. Durch die Bewegungen des Spiegels wird der Strahl über dem Strichcode hin- und hergelenkt. Das von dem Code reflektierte Licht wird in den Strichcode-Leser zurückgeworfen und fällt dort auf einen Empfänger, den sogenannten Photodetektor, der die Helligkeit mißt. Dann erzeugt der Detektor ein elektrisches Signal für den Computer. Eine Supermarkt-Scannerkasse funktioniert genauso. Ein Laser erzeugt einen Lichtstrahl, der auf verschiedene sich bewegende Spiegel trifft. Dadurch wird ein Gittermuster von Lichtstrahlen erzeugt. Fällt dieses Lichtmuster nun auf eine Ware, so gibt es mindestens einen Strahl, der sich über den Strichcode bewegt. Das vom Strichcode zurückgeworfene Licht wird durch den Spiegel wieder auf einen Photodetektor gelenkt, der es wie üblich in ein elektrisches Signal verwandelt.

BEI DER ARBEIT

RÖNTGENTOMOGRAPHIE

Die unsichtbaren Röntgen-Strahlen sind sehr nützlich, weil sie durch unseren Körper hindurchstrahlen können. Ein Computertomograph nutzt sie, um ein Bild vom Körperinneren des Patienten zu bekommen.

Zur Computertomographie benutzt man einen großen, innen hohlen, an einer Seite offenen Behälter. Die Person, die geröntgt werden soll, liegt auf einem schmalen Tisch, der langsam in das Loch geschoben wird. In einer Glasröhre prallen Elektronen mit hoher Geschwindigkeit auf eine Metallplatte. Dabei entstehen Röntgenstrahlen. Zum Antrieb der Elektronen ist eine Hochspannung erforderlich.

Die Röntgenröhre wird im Kreis um die zu scannende Person herumgeführt. Der Röntgenröhre gegenüber bewegen sich gleichzeitig empfindliche Detektoren um die Person. Die Detektoren sind aus Kristallen gefertigt, die elektrische Signale aussenden, wenn sie von Röntgenstrahlen getroffen werden. Sie messen, wie viele Röntgenstrahlen jedes Mal den Patienten durchströmen. Nachdem die Röntgenröhre einen Kreis vollendet hat, wird der Patient ein wenig weitergerückt und der Vorgang wiederholt sich.

Das von den Detektoren erzeugte Signal wird an einen Computer weitergeleitet. Dieser erhält Informationen darüber, welche Menge an Röntgenstrahlen die verschiedenen Körperbestandteile, wie Fette, Wasser und Knochen, absorbieren. Der Computer vergleicht nun die von dem gescannten Patienten absorbierte Röntgenstrahl-Menge mit der normalerweise absorbierten Menge. Er ist so in der Lage, ein detailliertes Bild vom Körperinneren des Patienten zu entwerfen. Dieses Bild wird dem Arzt zur Begutachtung auf dem Bildschirm angezeigt. Jedes Mal, wenn sich der Scanner um den Patienten bewegt, wird das Querschnitt-Bild eines Körperabschnitts erzeugt. Deshalb werden diese Geräte als Computertomographie-Geräte bezeichnet. Das Wort Tomographie stammt von dem griechischen Wort „tomé", d. h. „Scheibe".

Unten: Ein Computertomographie-Scanner wird von einer Computertastatur aus gesteuert. Auf den Bildschirmen sieht der Bediener, welcher Teil des Körpers gerade gescannt wird. So ist auch sichergestellt, daß nur eine unschädliche Dosis Röntgenstrahlen abgegeben wird. Beim Kernspin-Tomographen werden keine Röntgenstrahlen, sondern Radiowellen durch den Körper geschickt. Zusätzlich ist ein starker Magnet erforderlich. Die Wasserstoffatome im Körper senden als Echo selber Radiowellen aus. Eine Reihe von Antennen empfängt Echos. Der Computer kann daraus ein Bild des Körpers erzeugen und auf dem Bildschirm darstellen. Beim Kernspin-Tomographen werden die weichen Körperteile besser abgebildet als beim Röntgen.

RÖNTGENTOMOGRAPHIE

DIE RÖNTGENRÖHRE

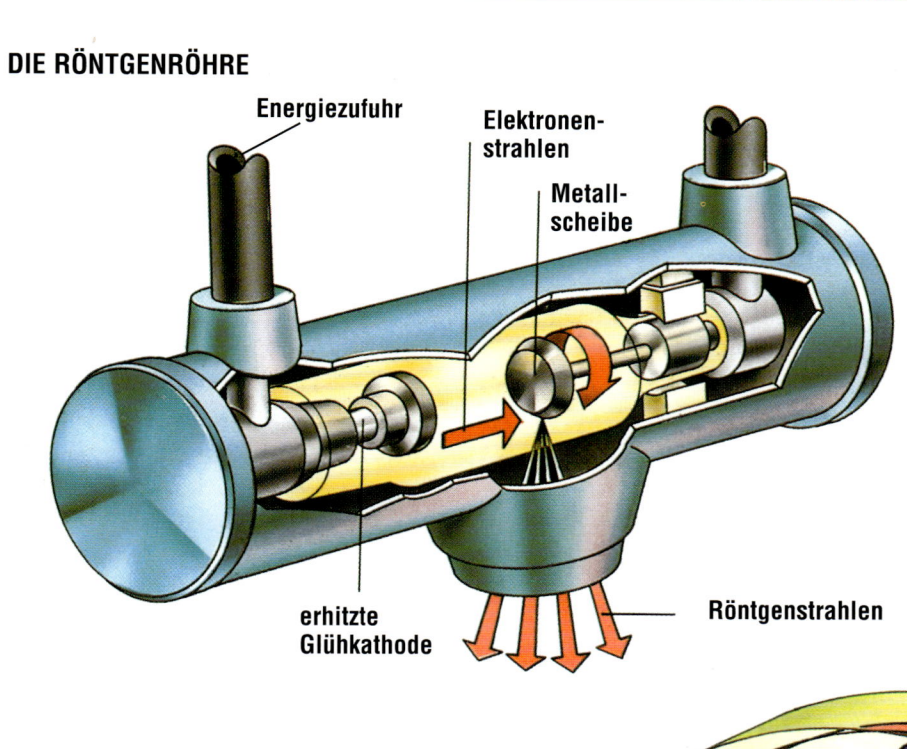

- Energiezufuhr
- Elektronenstrahlen
- Metallscheibe
- erhitzte Glühkathode
- Röntgenstrahlen

Links: In einer Röntgenröhre schießen Elektronen – elektrisch geladene Teilchen – aus einer erhitzten Glühkathode. Die Elektronen prallen gegen eine Metallscheibe am anderen Ende der Röhre. Sie werden durch deren hohe Spannung angezogen. Wenn die Elektronen auf die Scheibe prallen, erzeugen sie Röntgenstrahlen. In dem winzigen Punkt ihres Aufpralls erhitzt sich die Metallscheibe. Bei dieser Röntgenröhre dreht sich die Metallscheibe, damit sie sich nicht an einer Stelle zu sehr erhitzt.

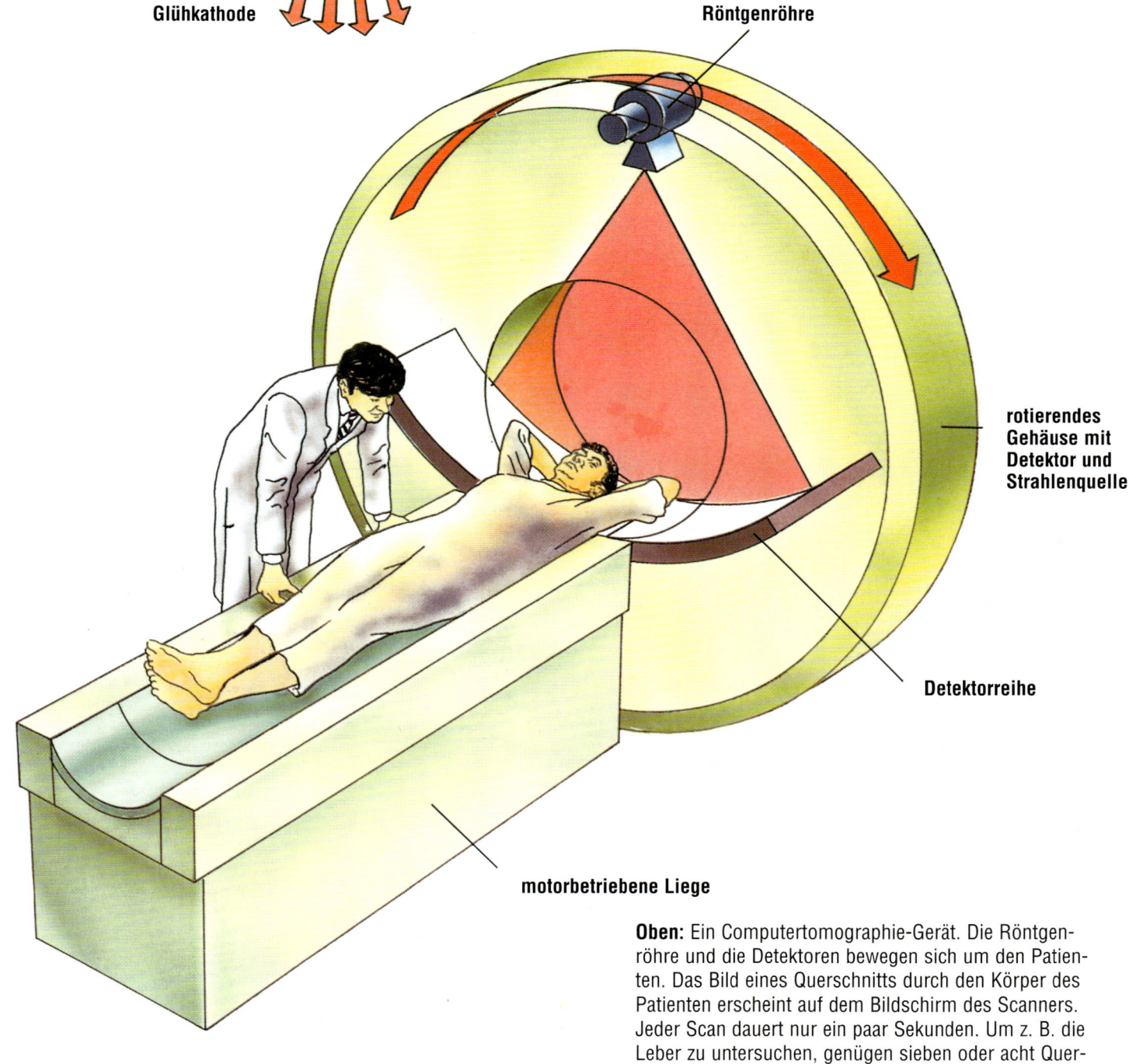

- Röntgenröhre
- rotierendes Gehäuse mit Detektor und Strahlenquelle
- Detektorreihe
- motorbetriebene Liege

Oben: Ein Computertomographie-Gerät. Die Röntgenröhre und die Detektoren bewegen sich um den Patienten. Das Bild eines Querschnitts durch den Körper des Patienten erscheint auf dem Bildschirm des Scanners. Jeder Scan dauert nur ein paar Sekunden. Um z. B. die Leber zu untersuchen, genügen sieben oder acht Querschnittsbilder.

BEI DER ARBEIT

DAS DIALYSE-GERÄT

Unten: Ein typisches Dialyse-Gerät. Blut aus der Arterie des Patienten fließt zur künstlichen Niere, wo es gereinigt wird. Dann fließt es zurück in die Vene des Patienten.

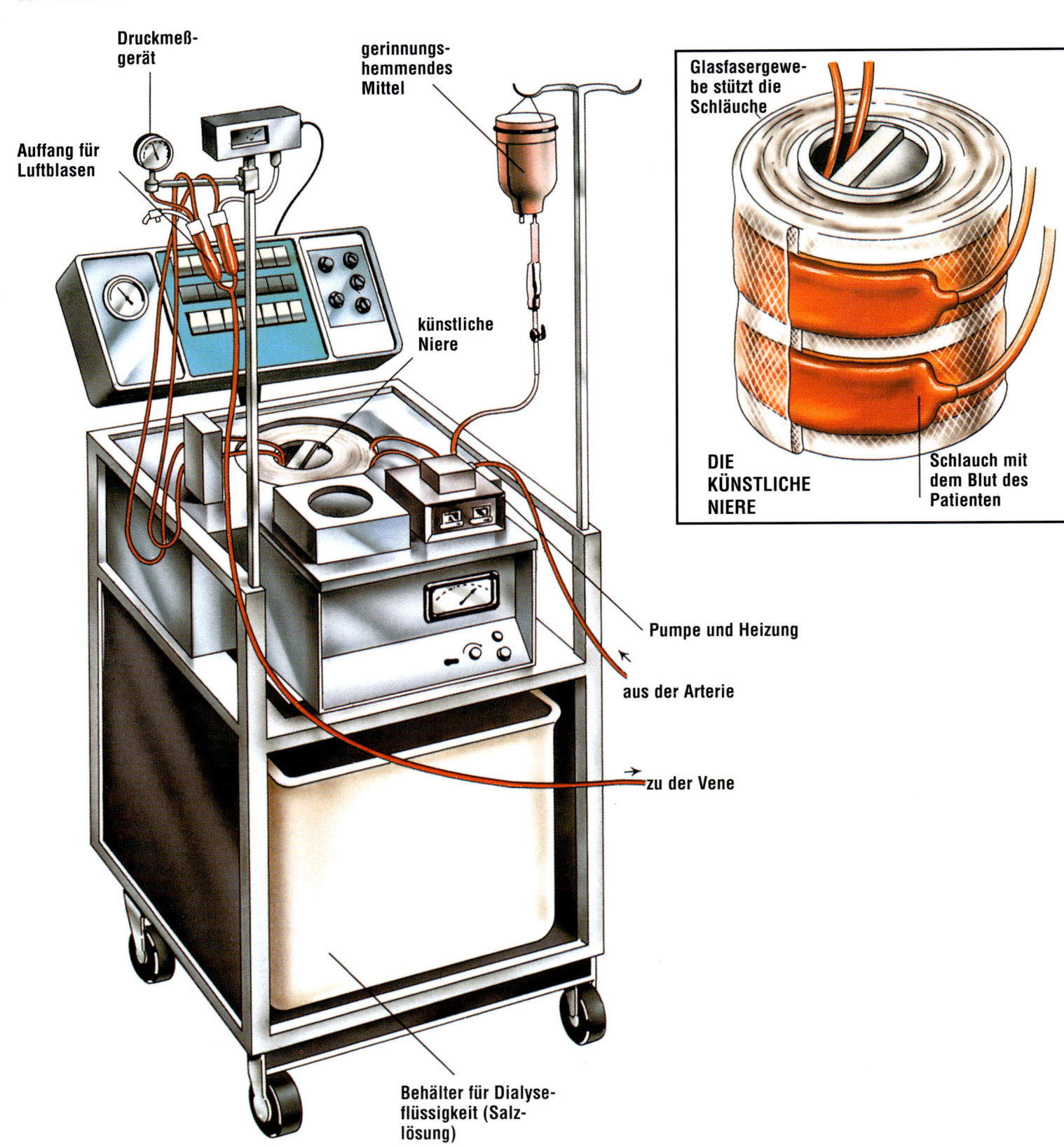

- Druckmeßgerät
- Auffang für Luftblasen
- gerinnungshemmendes Mittel
- künstliche Niere
- Pumpe und Heizung
- aus der Arterie
- zu der Vene
- Behälter für Dialyseflüssigkeit (Salzlösung)

- Glasfasergewebe stützt die Schläuche
- DIE KÜNSTLICHE NIERE
- Schlauch mit dem Blut des Patienten

Oben: Die künstliche Niere ist ein dünner Zellophanschlauch, durch den das Blut des Patienten geführt wird. Der Schlauch ist von Glasfaser umgeben und in die Dialyseflüssigkeit, eine starke Salzwasserlösung, eingebettet.

DAS DIALYSE-GERÄT

DIE NIERE

Nierenarterie

Nierenvene

Harnleiter

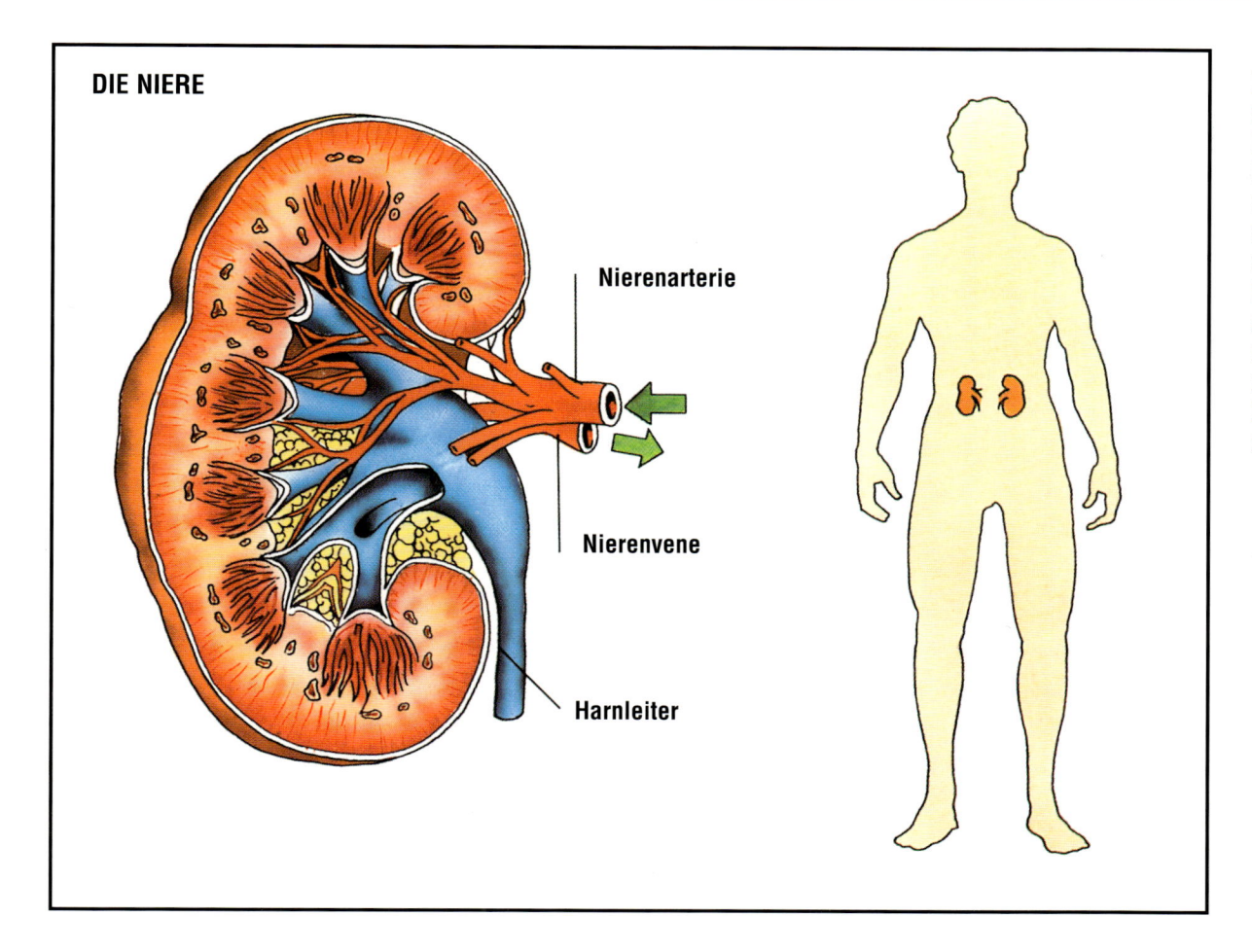

Links: Blut fließt durch eine große Arterie, die Nierenarterie, in die Niere. Nachdem es gereinigt wurde, verläßt das Blut die Niere über die Nierenvene. Dem Blut entnommene Ausscheidungsstoffe werden mit Wasser vermischt und bilden den Urin. Dieser verläßt die Niere durch den Harnleiter.

Die zwei bohnenförmigen Nieren sitzen in der unteren Rückenregion unseres Körpers. Sie reinigen unser Blut, indem sie überschüssiges Wasser und unbrauchbare Stoffe entfernen. Menschen, deren Nieren nicht mehr funktionieren, müssen ein Dialyse-Gerät benutzen, mit dem das Blut gereinigt werden kann.

Ein Mensch, dessen Nieren versagen, wird mit zwei Schläuchen an das Dialyse-Gerät angeschlossen. Ein Schlauch ist mit einer Arterie im Arm des Patienten verbunden – eine Arterie ist ein Blutgefäß, das Blut vom Herzen wegtransportiert. Durch diesen Schlauch fließt Blut zum Dialyse-Gerät. Nachdem es durch den Apparat geleitet wurde, fließt das Blut durch den anderen Schlauch zurück in eine Vene im selben Arm – eine Vene ist ein Blutgefäß, das Blut zum Herzen hintransportiert. Im Innern des Dialyse-Geräts wird das Blut gereinigt. Zuerst werden dem Blut sogenannte Antikoagulantien, blutgerinnungshemmende Mittel, zugesetzt, damit es nicht gerinnt, während es durch den Apparat fließt. Dann wird das Blut durch einen langen Schlauch gepumpt, der aus dünnem Zellophan oder einer Kunststoffplatte besteht, die als Membran bezeichnet wird. Der Schlauch wird von einer starken Salzwasserlösung umgeben. Weil die Salzwasserlösung so stark ist, gehen Wasser und Abfallstoffe aus dem Blut durch die Membran in sie über. Das gereinigte Blut wird dann bis auf Körpertemperatur angewärmt und in den Arm des Patienten zurückgeleitet. Ungefähr 200 Milliliter Blut fließen pro Minute durch das Dialyse-Gerät. Nach mehreren Stunden Behandlung ist das gesamte Blut des Patienten, etwa 5,5 Liter gereinigt.

Zwei oder drei Behandlungen sind pro Woche nötig. Während die Dialyse abläuft, liegt der Patient im Bett und kann sogar schlafen. Tragbare Dialyse-Geräte ermöglichen es den Patienten, auf Reisen zu gehen. Dennoch entscheiden sich viele Patienten statt dessen für eine Nierentransplantation, eine Operation, bei der sie eine neue Niere erhalten.

ZU HAUSE

SCHLÖSSER

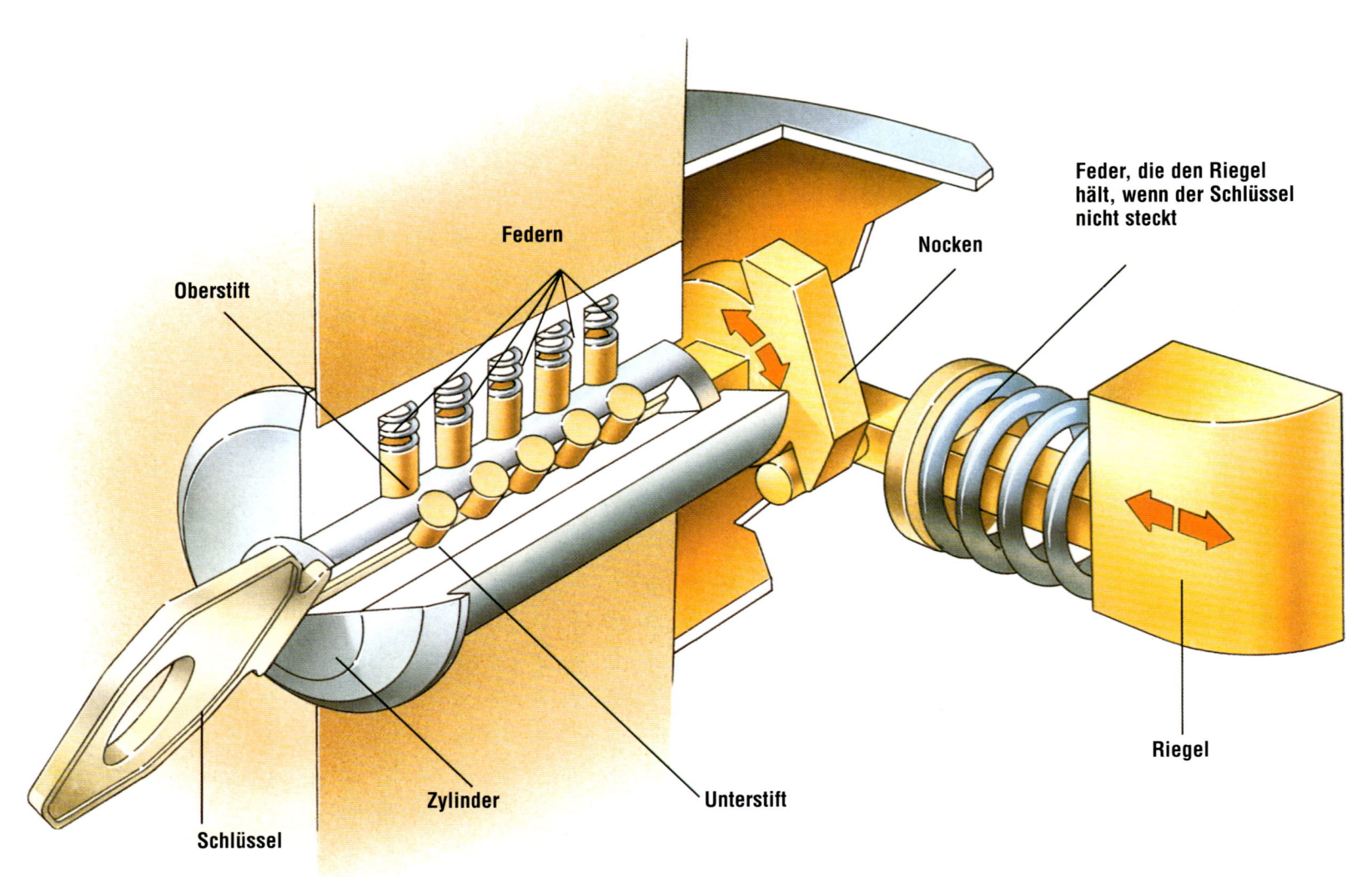

Federn
Oberstift
Nocken
Feder, die den Riegel hält, wenn der Schlüssel nicht steckt
Riegel
Zylinder
Unterstift
Schlüssel

Oben und unten: Wie ein Zylinderschloß funktioniert:
1. Wenn der Schlüssel in das Schloß gesteckt wird, hebt er nacheinander die Stifte an, so daß der Zylinder gedreht werden kann. Der Nocken am Zylinderende zieht den Riegel zurück.
2. Wenn der Schlüssel abgezogen wird, drücken die kleinen Federn in den Stiftführungen die Stifte herunter und verhindern, daß der Zylinder bewegt werden kann.

DAS ZYLINDERSCHLOSS

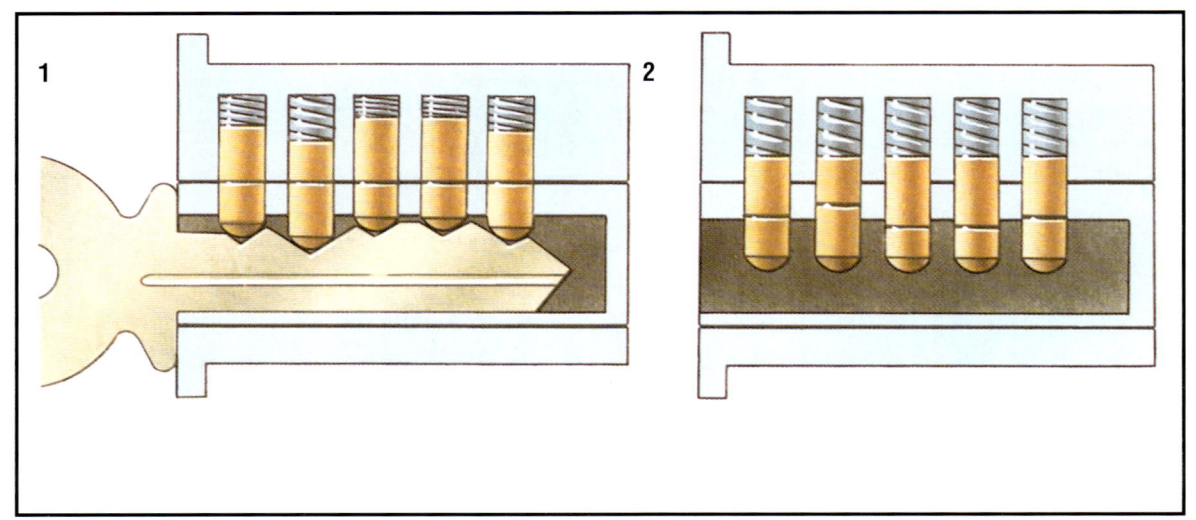

Rechts: Wie ein Zuhaltungsschloß funktioniert:
1. Wenn die Tür aufgeschlossen wird, wird der Riegel aus dem Türrahmen herausbewegt und durch den Sperrstift in einer Aussparung am hinteren Ende der Hebel fixiert.
2. Dreht sich der Schlüssel, so bewegt sich der Sperrstift in den Aussparungen der Hebel.
3. Wenn die Tür abgeschlossen wird, wird der Riegel in den Türrahmen gedrückt und vom Sperrstift in einer Aussparung am vorderen Ende der Hebel fixiert.

SCHLÖSSER

Federn

Sperrstift

Schlüssel

Hebel

Riegel

DAS ZUHALTUNGSSCHLOSS

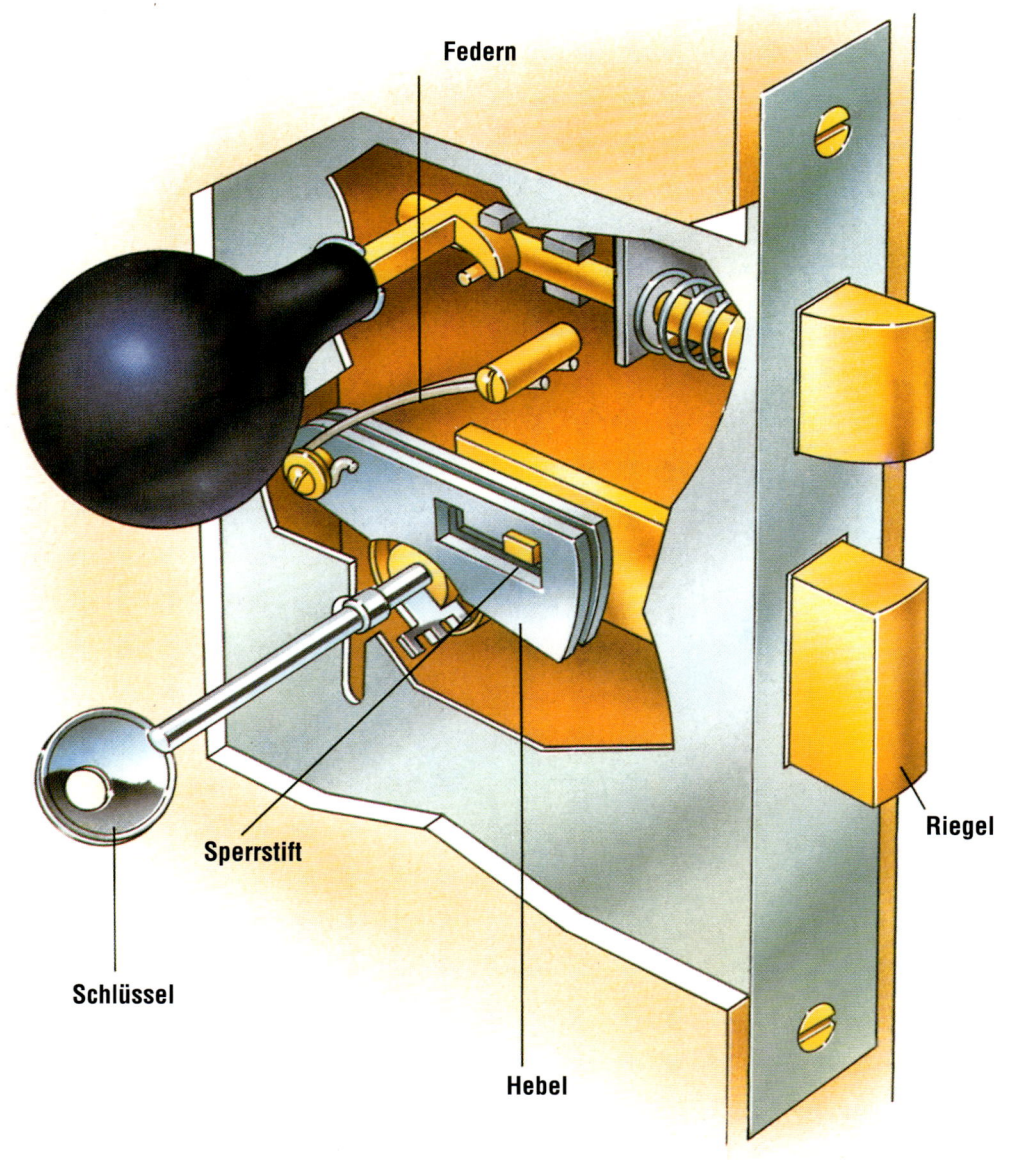

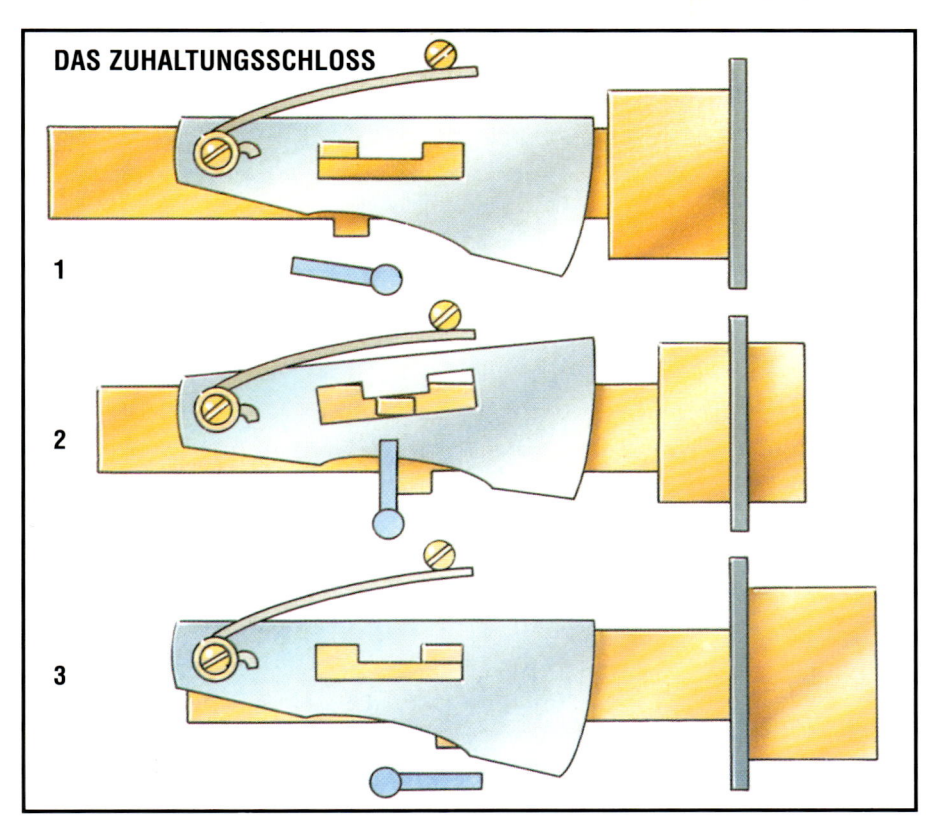

1

2

3

Die ersten Schlösser wurden vor 4000 Jahren von den Ägyptern hergestellt. In den Pyramiden fand man hölzerne Schlösser, in denen sich ein Stab als Riegel aus dem Schloß schieben ließ, der in den Türrahmen paßte. Wenn die Tür geschlossen wurde, wurde der Stab durch Stifte festgehalten, die vom Türrahmen aus in den mit Löchern versehenen Riegelstab fielen. Um die Tür aufzuschließen, wurde ein einfacher Schlüssel eingeführt, der die Stifte anhob und so den Riegel bewegen ließ.

Das am meisten verbreitete Schloß in den Haustüren unserer modernen Häuser – das Zylinderschloß – ist dem ägyptischen Schloß sehr ähnlich. Die moderne Version wurde 1848 von dem Amerikaner Linus Yale erfunden und heißt daher auch Yale-Schloß.

Bei einem Zylinderschloß paßt der Schlüssel in einen mit dem Riegel verbundenen Zylinder. Der Riegel verhindert, daß die Tür geöffnet werden kann. Das Drehen des Zylinders wird durch fünf zweigeteilte Metallstifte verhindert, die von Federn in den Zylinder gedrückt werden. Wenn man den passenden Schlüssel einführt, werden die Metallstifte angehoben. Die unteren Stiftteile bilden eine Linie und der Zylinder kann gedreht werden.

Das sogenannte Zuhaltungsschloß wurde von dem englischen Schloßschmied Robert Barron erfunden. Das wichtigste Teil in diesem Schloß ist ein Hebel, der von einer Feder auf den Riegel gedrückt wird und eine Bewegung des Riegels verhindert. Dreht man den Schlüssel, hebt dieser den Hebel an, und damit wird der Riegel freigegeben. Der Schlüssel kann nun den Riegel zurückschieben. Manche Schlösser haben mehr als einen Hebel. Dann werden durch die Schlüsseldrehung alle Hebel gleichzeitig angehoben.

Die mechanischen Schlösser werden neuerdings durch elektronische Schlösser ersetzt. Als Schlüssel werden zum Beispiel Magnetkarten verwendet. Im Auto sendet die Wegfahrsperre ein codiertes Funksignal zu einem besonderen Schlüsselanhänger. Erst wenn der elektronische Schaltkreis im Schlüsselanhänger die passende Antwort sendet, läßt sich der Motor starten.

ZU HAUSE

UHREN

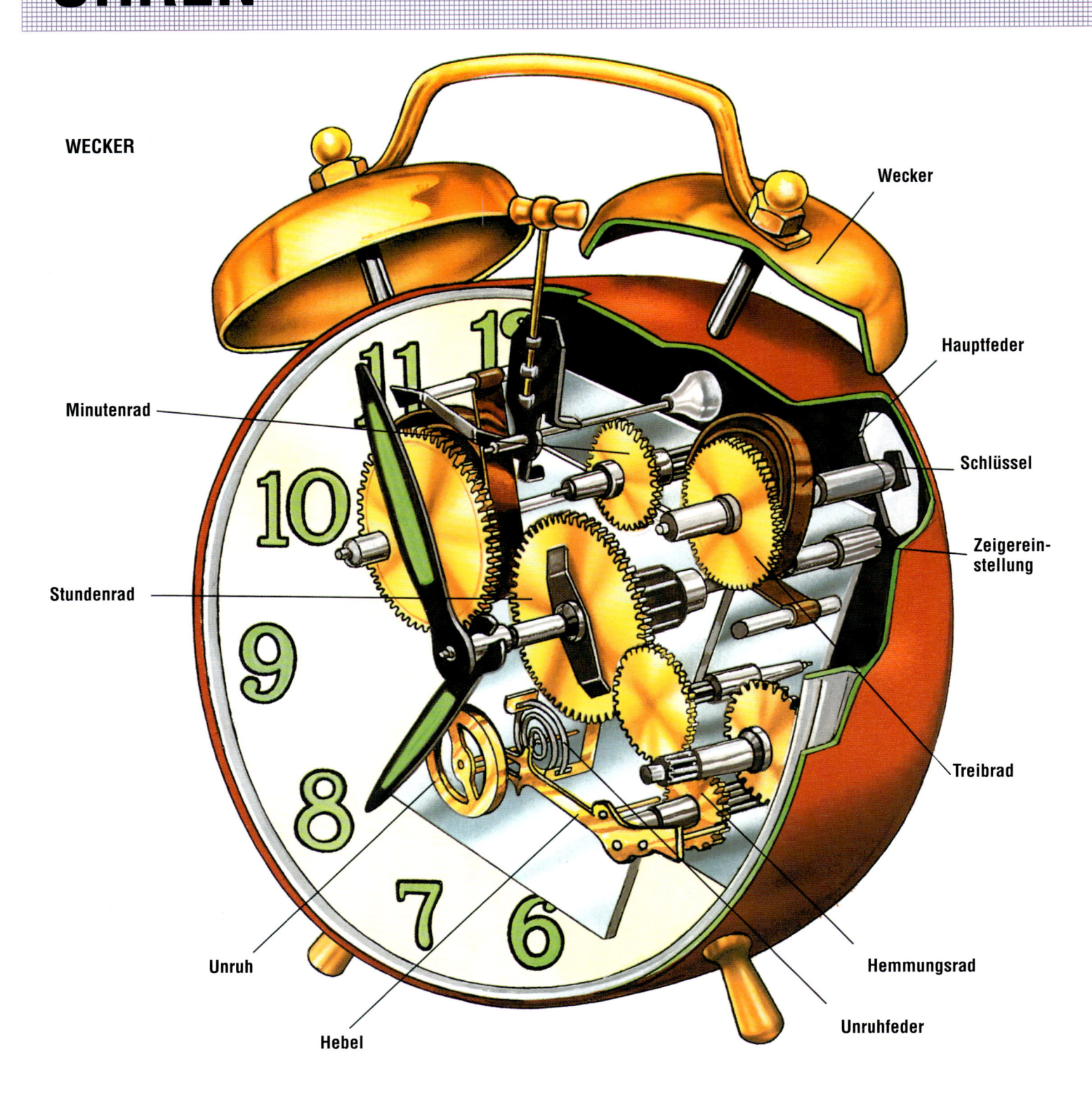

WECKER

Labels on diagram:
- Wecker
- Hauptfeder
- Schlüssel
- Zeigereinstellung
- Treibrad
- Hemmungsrad
- Unruhfeder
- Minutenrad
- Stundenrad
- Unruh
- Hebel

Oben: Die vielen Zahnräder im Inneren einer Uhr dienen dazu, das Treibrad (das die Zeiger bewegt) mit der Unruh zu verbinden, die regelmäßig vor- und zurückschwingt.

Uhren sehen kompliziert aus. Sie stecken voller Zahnräder und Federn. Doch eigentlich bestehen sie nur aus zwei wesentlichen Teilen. Der eine ist das Treibrad, das die Zeiger bewegt. Der zweite wesentliche Bestandteil, der dafür sorgt, daß die Zeiger sich in gleichmäßiger Geschwindigkeit bewegen und die Uhr richtig geht, wird als Hemmungsrad (Ankerrad) bezeichnet. Die Zahnräder in der Uhr dienen nur dazu, das Treibrad mit den Zeigern und das Ankerrad mit dem Treibrad zu verbinden.

In vielen Wohnungen befindet sich noch eine Standuhr aus Großvaters Zeiten. In dieser Art Uhr sorgt ein Pendel dafür, daß die Uhr richtig geht. Das Pendel ist ein Gewicht am Ende einer Metallstange. Es schwingt hin und her. Für jeden Schwung braucht es gleich viel Zeit und rückt dabei einen „Anker" ein Stück weiter. Der Anker verhindert, daß sich das Treibrad weiterbewegt, mit Ausnahme der kurzen Zeit des Pendelschwungs. Wenn sich das Treibrad frei bewegen kann, senkt sich ein daran befestig-

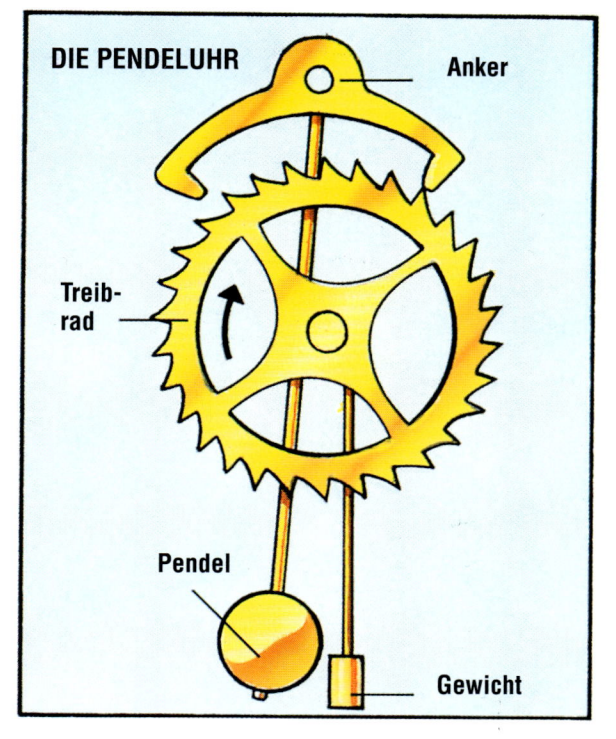

UHREN

DIE PENDELUHR
- Anker
- Treibrad
- Pendel
- Gewicht

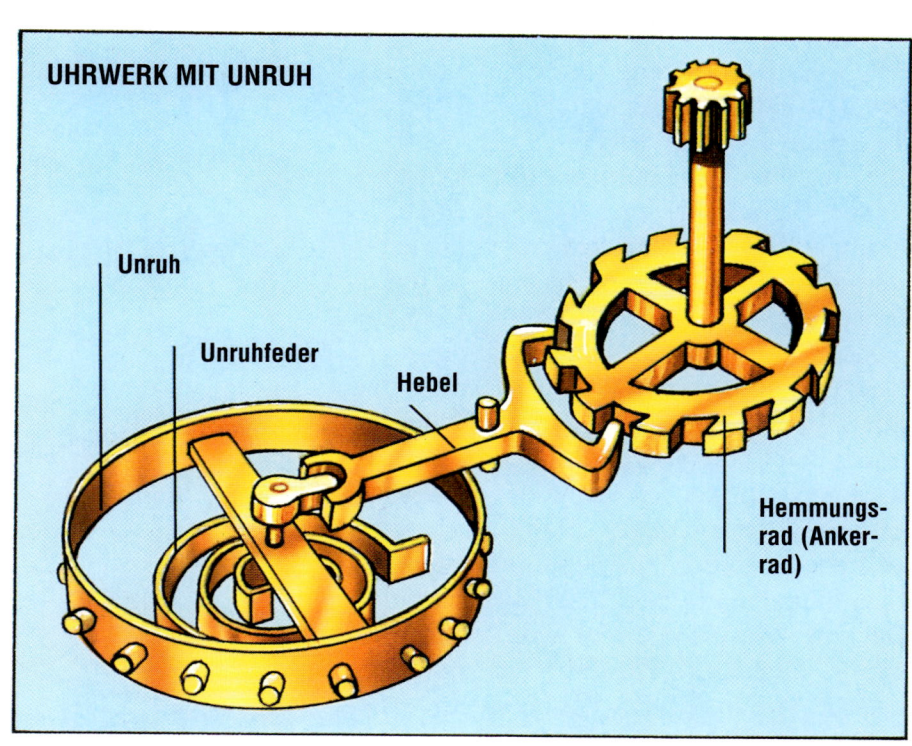

UHRWERK MIT UNRUH
- Unruh
- Unruhfeder
- Hebel
- Hemmungsrad (Ankerrad)

DIE DIGITALUHR
- integrierter Schaltkreis

Oben: Bei einer Penduluhr wiegt die Schwingbewegung des Pendels den Anker vor und zurück und ermöglicht dem Treibrad so, sich in gleichmäßigen Abständen zu bewegen.

Oben: In kleinen Uhren bewegt sich ein Balancerad vor und zurück. Dieses rückt den Hebel nach hinten und vorne und ermöglicht dem Ankerrad, sich zu bewegen.

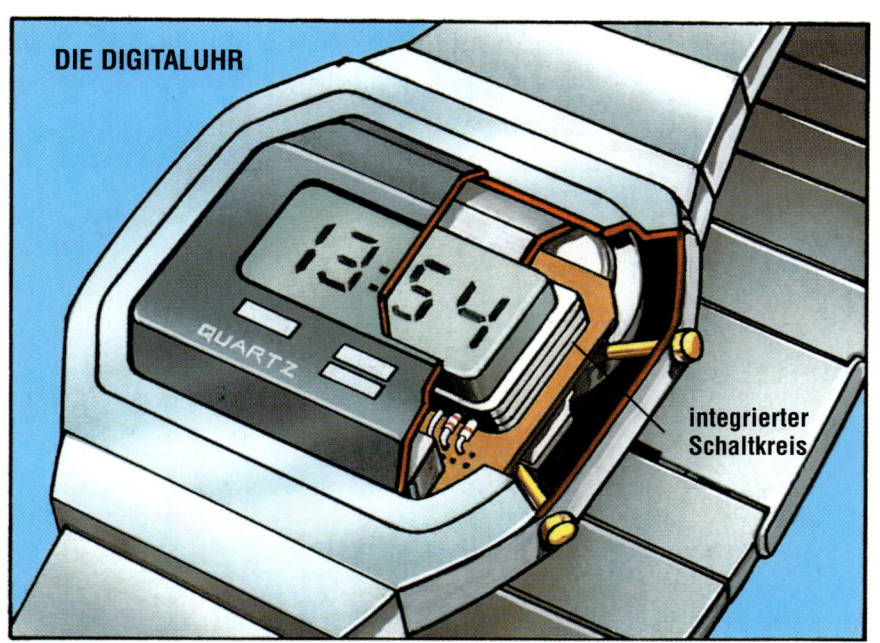

Links: Im Inneren einer Quarzuhr zählt ein elektronischer Schaltkreis die Schwingungen eines Quarzkristalls. Die Schwingungen sind sehr präzise. Deshalb geht eine Quarzuhr pro Tag weniger als eine Sekunde falsch. Funkuhren sind noch genauer. Einmal pro Stunde empfängt ein eingebauter Funkempfänger die codierten Sekundenimpulse eines Langwellensenders. Dieser Sender steht in der Nähe von Frankfurt und wird von einer Atomuhr gesteuert. Um die Batterien zu schonen, arbeitet die Funkuhr immer eine Sekunde lang als normale Quarzuhr, dann stellt sie sich wieder auf die ganz genaue Zeit ein.

tes Gewicht. Dieses bewegt das Treibrad und die Zeiger. Jedesmal, wenn sich der Anker bewegt, erhält das Pendel einen winzigen Stoß, damit es weiter schwingt.

Kleinere Uhren werden oft von einer Feder angetrieben, die als Hauptfeder bezeichnet wird und mit dem Treibrad verbunden ist. In diesen Uhren gibt es kein Pendel. Statt dessen bewegt sich ein Rad, die Unruh, vor und zurück. Es wird von einer dünnen Feder, der Unruhfeder, angetrieben. Die Unruh ist mit einem Hebel verbunden, dessen Zähne in ein Zahnrad passen, das Hemmungsrad (Ankerrad). Jedesmal, wenn der Hebel sich bewegt, gibt er das Ankerrad kurzzeitig frei. Das ermöglicht, daß das Ankerrad die Zeiger weiterbewegen kann. Jedesmal, wenn das Ankerrad sich bewegt, gibt es der Unruh einen Stoß, um sie ebenfalls in Bewegung zu halten.

ZU HAUSE

HAUSHALTSGERÄTE

Für die Bewältigung vieler Aufgaben im Haushalt ist die Erfindung der Elektrizität ein wahrer Segen.
Viele Geräte, wie Spülmaschine, Bohrmaschine, Staubsauger und Rasierapparate, besitzen Elektromotoren, die die magnetische Wirkung des Stroms ausnutzen, um Bewegung zu erzeugen. So treibt beispielsweise in einem Staubsauger ein kleiner Elektromotor einen Ventilator, der Luft und Staub in einen Beutel saugt. Der Beutel trennt den Staub von der Luft, und die Luft wird dann auf der Rückseite des Staubsaugers wieder ausgeblasen. Handstaubsauger besitzen motorbetriebene Spiralbürsten und Klopfbürsten, um den Staub aufzuwirbeln. Bei einer Waschmaschine wird der Elektromotor benutzt, um Wasser herauszupumpen und die Trommel beim Waschen und Schleudern rotieren zu lassen.

Beim Kühlschrank pumpt der Elektromotor eine Flüssigkeit, das Kühlmittel, durch Röhren. Das Kühlmittel wird erst unter hohem Druck in einem Teil des Kühlschranks zusammengepreßt. Bei so hohem Druck ist das Kühlmittel flüssig. Die gepreßte Flüssigkeit gelangt durch ein Ventil in einen Bereich mit niedrigem Druck. Dabei dehnt sich die Flüssigkeit rasch aus und verdampft zu Gas. Dieser rasche Verdampfungsvorgang entzieht dem Innern des Kühlschranks Wärme. Das Kühlmittel wird dann wieder zusammengepreßt, um es flüssig zu machen, und kann wieder benutzt werden.

Eine andere Wirkung des elektrischen Stroms – die Wärmewirkung – wird in Öfen, Toastern und Heizlüftern genutzt. In einem elektrischen Bügeleisen wird ein Draht, der Heizdraht, rotglühend, wenn Strom hindurchgeleitet wird. Dieser heizt die Metallfläche des Bügeleisens auf. Auch gewöhnliche elektrische Glühbirnen nutzen diesen Effekt: Der Faden in der Glühbirne wird so heiß, daß er hell glüht.

Unten: In einem Kühlschrank pumpt der Kompressor eine Flüssigkeit – die als Kühlmittel bezeichnet wird – zum Verdampfer im Gefrierfach. Die Flüssigkeit verdampft und wird zu Gas, nimmt Wärme auf und kühlt das Gefrierfach. Das Gas wird dann in den Verflüssiger gepumpt, wo es wieder zu Flüssigkeit wird und Wärme nach außen abgibt. Der Thermostat reguliert die Temperatur, indem es den Kompressor anspringen läßt, wenn die Temperatur im Innern des Kühlschranks steigt.

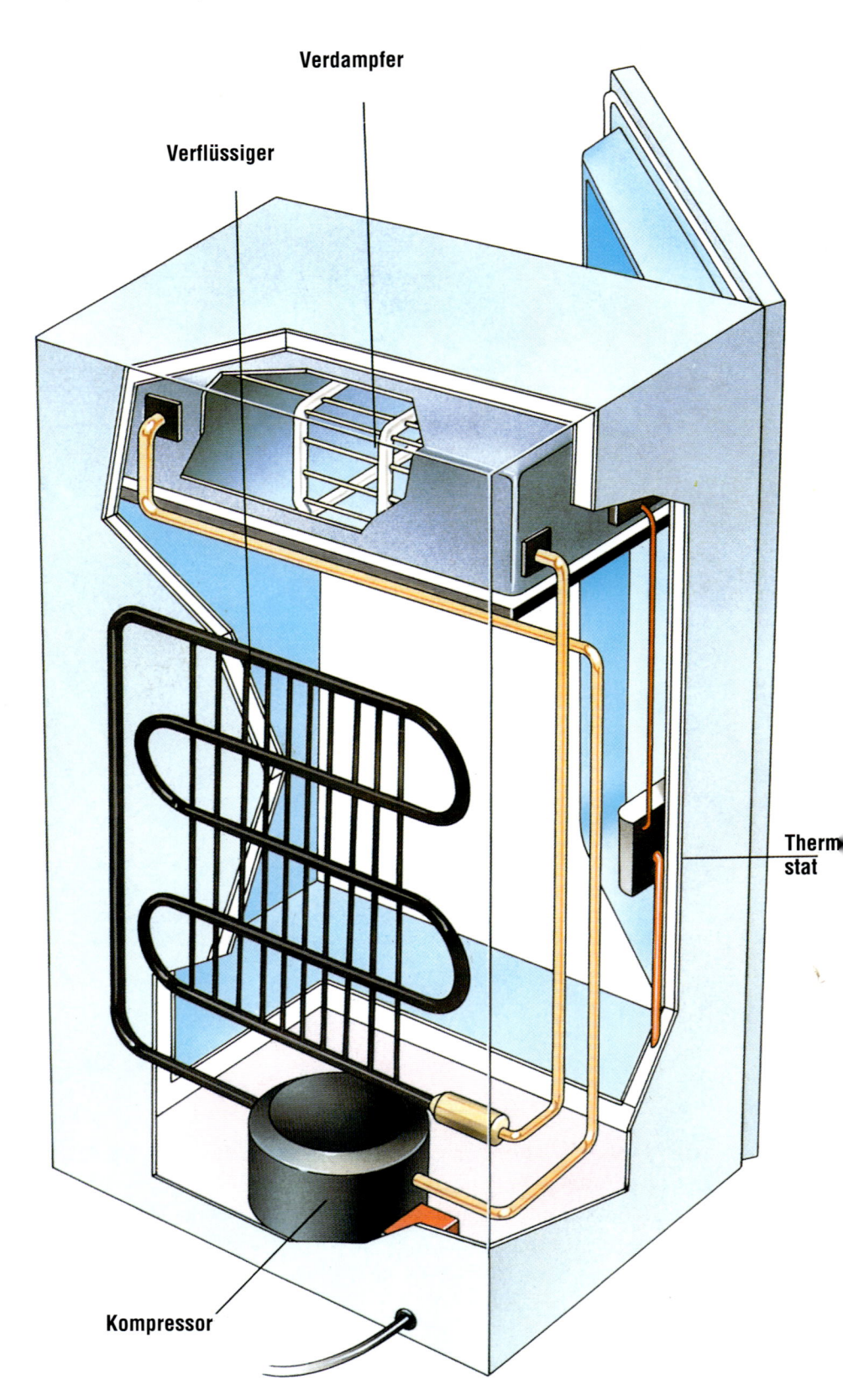

HAUSHALTSGERÄTE

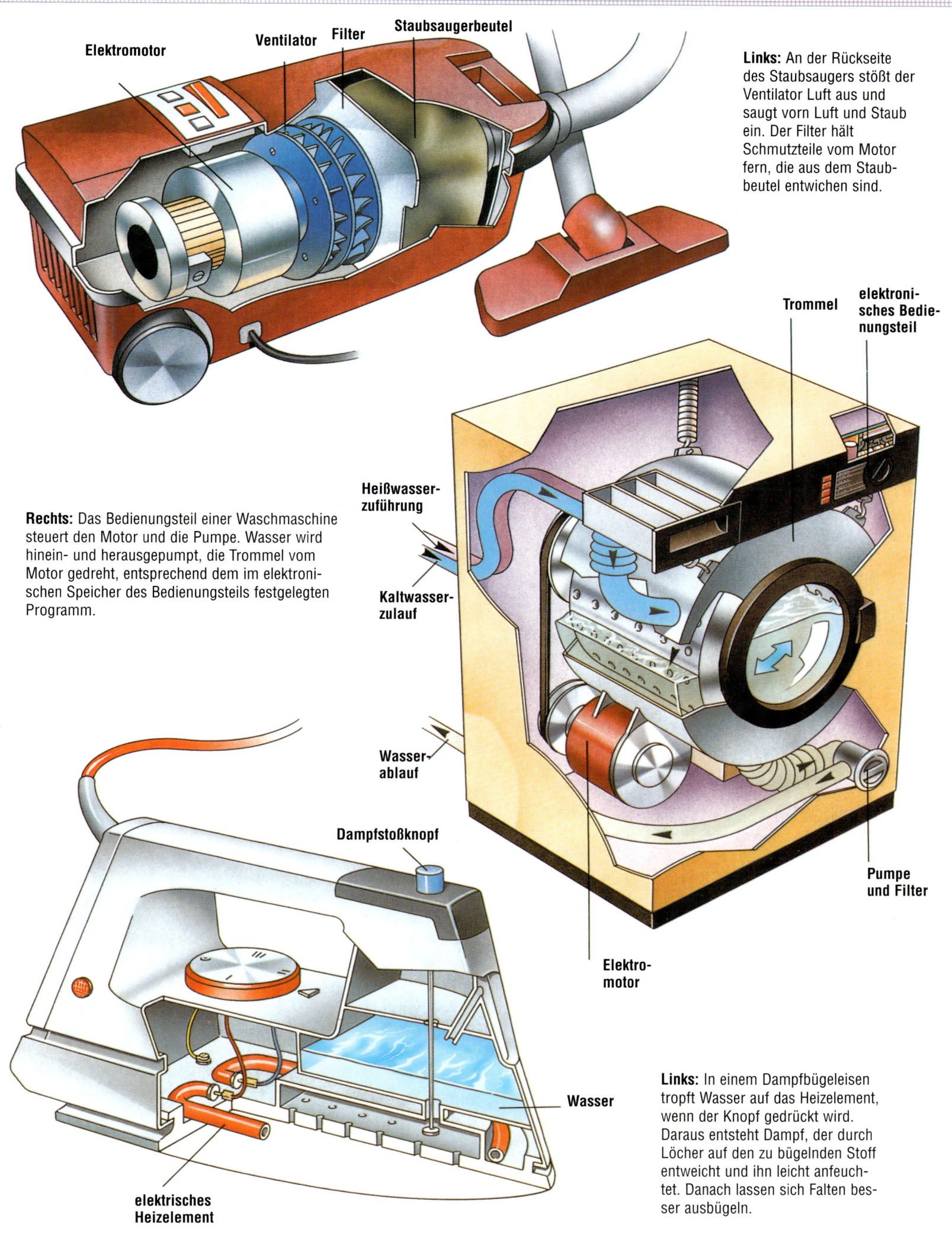

Elektromotor **Ventilator** **Filter** **Staubsaugerbeutel**

Links: An der Rückseite des Staubsaugers stößt der Ventilator Luft aus und saugt vorn Luft und Staub ein. Der Filter hält Schmutzteile vom Motor fern, die aus dem Staubbeutel entwichen sind.

Trommel **elektronisches Bedienungsteil**

Rechts: Das Bedienungsteil einer Waschmaschine steuert den Motor und die Pumpe. Wasser wird hinein- und herausgepumpt, die Trommel vom Motor gedreht, entsprechend dem im elektronischen Speicher des Bedienungsteils festgelegten Programm.

Heißwasserzuführung

Kaltwasserzulauf

Wasserablauf

Pumpe und Filter

Dampfstoßknopf

Elektromotor

Wasser

Links: In einem Dampfbügeleisen tropft Wasser auf das Heizelement, wenn der Knopf gedrückt wird. Daraus entsteht Dampf, der durch Löcher auf den zu bügelnden Stoff entweicht und ihn leicht anfeuchtet. Danach lassen sich Falten besser ausbügeln.

elektrisches Heizelement

ZU HAUSE

DIE STEREOANLAGE

Unten: Eine Hi-Fi-Anlage erzeugt Töne mit „high fidelity", d. h., sie kommen dem Originalton, der aufgezeichnet wurde, sehr nahe. Bei diesen Systemen werden oft getrennte Geräte verwendet, um Schallplatten und Tonbandkassetten abzuspielen. Der Verstärker ist das Herz der Anlage, da er die schwachen Signale, die der Tonabnehmer erzeugt, verstärken muß, ehe sie an die Lautsprecher weitergeleitet werden. Die Mehrzahl der Hi-Fi-Anlagen sind Stereogeräte und verfügen über zwei getrennte Lautsprecher, um Töne zu erzeugen, die dem Original möglichst ähnlich sind.

Unten: Beim Abspielen einer Schallplatte veranlaßt die wechselnde Breite der Schallplattenrille die Nadel zu Schwingungen. In einer Stereoanlage mit zwei Lautsprechern erzeugt die Nadelbewegung nach einer Seite ein Signal, das an den einen Lautsprecher geleitet wird; das Signal, das durch die Nadelbewegung in die entgegengesetzte Richtung erzeugt wird, erhält der andere Lautsprecher.

Magnet

Spule

Schallplattenrille

Nadel

Oben: Der Tonabnehmer verwandelt die Schwingungen der Nadel in ein elektrisches Signal. Beim dynamischen Tonabnehmer wird eine Spule in der Nähe eines Magneten durch die Nadel bewegt, und in der Spule fließt ein Stromsignal.

Unten: Bei einem elektromagnetischen Lautsprecher werden die verstärkten Signale zu einer Spule geleitet, die an dem Trichter oder der Membran befestigt ist. Dadurch wird der Trichter in Schwingungen versetzt und erzeugt Töne.

Schallplatte auf dem Plattenteller

STEREOANLAGE

Hochtöner

Lautsprecher

Spule

Ringmagnet

Tieftöner

Trichter oder Membran

Plattenspieler

CD-Player

Radio

Verstärker

Kassettendeck

66

DIE STEREOANLAGE

Bei einem Plattenspieler ruht die Schallplatte auf einem Drehteller, dem Plattenteller. Eine Nadel ist in der Rille der Schallplatte. Die Nadel ist in einem sogenannten Tonabnehmer angebracht, der am Ende des Tonarms sitzt. Wenn sich die Schallplatte dreht, schwingt die Nadel gegen die Ausbuchtungen in der Rille. Die winzigen Schwingungen der Nadel erzeugen im Tonabnehmer elektrischen Strom oder ein Signal, das im Takt mit der aufgezeichneten Musik oder Sprache schwankt.

Eine weitverbreitete Tonabnehmer-Art enthält eine besondere Kristallsorte, den piezoelektrischen Kristall. Solche Kristalle erzeugen Elektrizität, wenn sie gedrückt werden. Beim Anstoßen der Nadel an den Ausbuchtungen der Rille üben die Bewegungen Druck auf den Kristall aus und erzeugen ein elektrisches Signal. Eine andere Tonabnehmerart enthält eine winzige Drahtspule neben einem starken Magnet. Die Spule ist an der Nadel angebracht. Wenn die Nadel vibriert, bewegt sich die Spule. Die Bewegung bewirkt, daß ein schwacher elektrischer Strom darin erzeugt wird.
Das vom Tonabnehmer erzeugte Signal wird in einen elektronischen Schaltkreis eingespeist, den Verstärker. Der Verstärker verstärkt das Signal, ehe er es an die Lautsprecher weitergibt.

Im Innern eines Lautsprechers befindet sich ein Trichter aus dünner Pappe oder Kunststoff, die Membran. Am schmaleren Ende der Membran ist eine Drahtspule, neben der sich ein Dauermagnet befindet, angebracht. Das Signal aus dem Verstärker fließt durch die Spule. Dadurch wird die Spule zu einem Elektromagneten, dessen Stärke entsprechend dem Signal schwankt. Der Elektromagnet bewegt sich, denn er wird vom Dauermagneten angezogen und abgestoßen. Dadurch wird die Membran zum Schwingen gebracht und so werden die Töne erzeugt, die wir hören. Manche Lautsprecherboxen besitzen mehr als einen Trichter. Große Trichter, sogenannte Tieftöner, werden für die Erzeugung tiefer Töne benutzt. Kleine Lautsprecher, sogenannte Hochtöner, benutzt man, um hohe Töne zu produzieren.

Neue Schallplatten werden heute kaum noch produziert. Der Plattenspieler ist als Abspielgerät längst vom CD-Player verdrängt worden. Der CD-Player läßt sich viel leichter bedienen und die Tonqualität ist wesentlich besser.

Links: Eine CD (Compact Disc) ist eine Scheibe mit Metallüberzug. Der Ton wird durch eine Anzahl von in die Scheibe gestanzten Vertiefungen dargestellt, die man Pits nennt. Die Pits sind in kreisförmigen Spuren untergebracht. Die Rillen einer schwarzen Schallplatte sind so groß, daß man sie mit dem Auge gut erkennen kann. Bei einer CD sind die Spuren so klein, daß etwa 600 auf einen Millimeter Breite passen. Zum Abspielen wird die Scheibe nicht von einer Nadel berührt, sondern ein Laserstrahl tastet die Vertiefung ab. CDs sind kleiner und weniger empfindlich gegen Beschädigung als normale Schallplatten.

ZU HAUSE

DER KASSETTENRECORDER

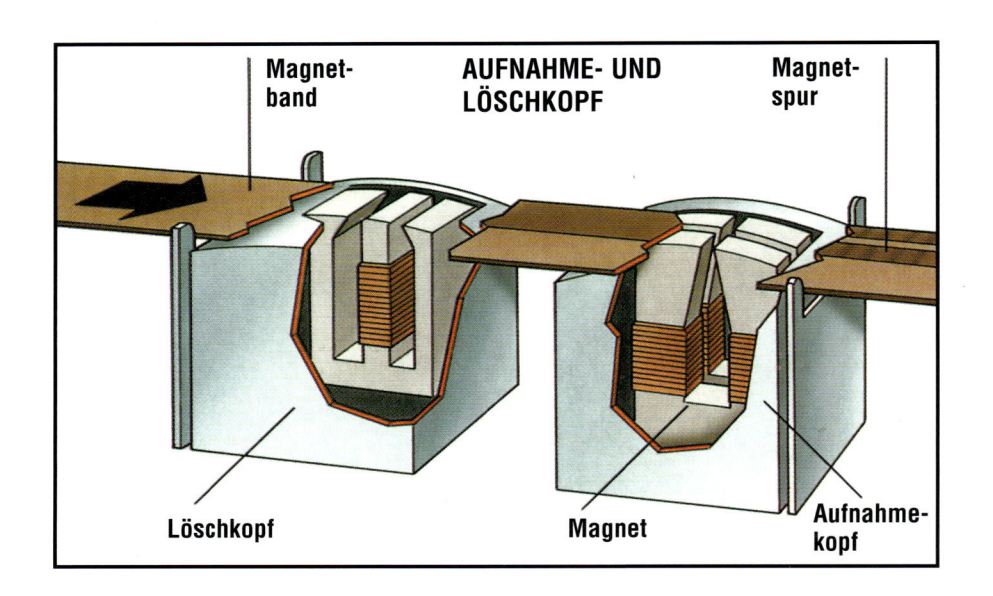

Magnetband · **AUFNAHME- UND LÖSCHKOPF** · **Magnetspur**

Löschkopf · **Magnet** · **Aufnahmekopf**

Links: Der Aufnahmekopf ist ein kleiner Elektromagnet mit einem Schlitz, der dem Tonband gegenüberliegt. Die schwankenden elektrischen Signale, die vom Mikrophon erzeugt werden, durchströmen die um den Kopf gewickelte Drahtspule und erzeugen ein schwankendes Magnetmuster auf dem Band. Der Löschkopf tilgt frühere Aufnahmen, bevor das Band neu bespielt wird.

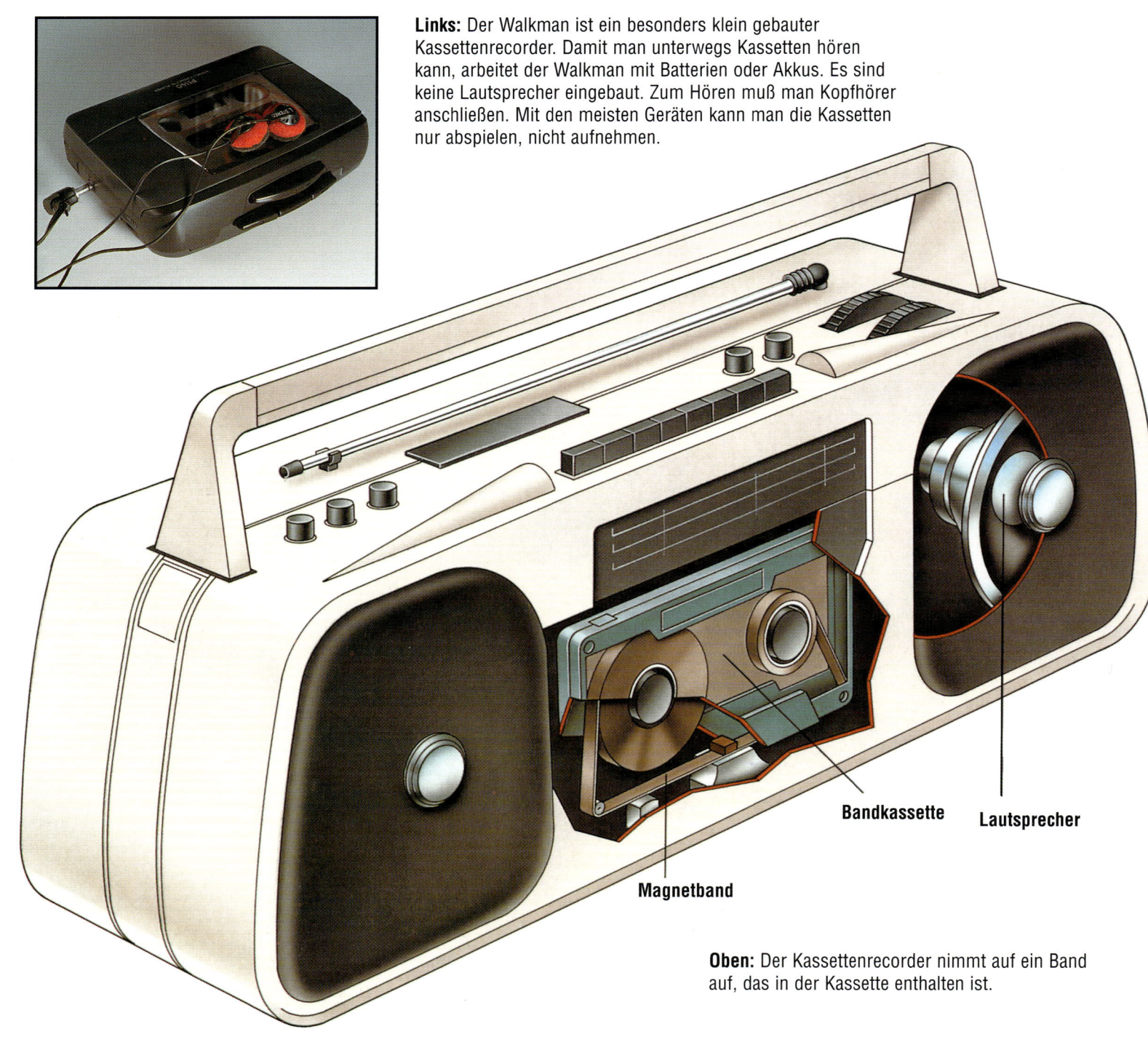

Links: Der Walkman ist ein besonders klein gebauter Kassettenrecorder. Damit man unterwegs Kassetten hören kann, arbeitet der Walkman mit Batterien oder Akkus. Es sind keine Lautsprecher eingebaut. Zum Hören muß man Kopfhörer anschließen. Mit den meisten Geräten kann man die Kassetten nur abspielen, nicht aufnehmen.

Bandkassette · **Lautsprecher**

Magnetband

Oben: Der Kassettenrecorder nimmt auf ein Band auf, das in der Kassette enthalten ist.

68

DER KASSETTENRECORDER

Um eine Tonbandaufnahme zu machen, wird der Ton zunächst durch ein Mikrophon in Elektrosignale verwandelt. Im Innern des Tonbandgeräts wird das Signal als magnetisches Muster auf einem Kunststoffband aufgezeichnet.

Die Töne, die auf ein Mikrophon treffen, bewirken, daß eine Membran (eine dünne Platte) in Schwingung gerät. In einem Kristallmikrophon ist die Membran mit einem piezoelektrischen Kristall verbunden. Die Schwingungen der Membran verursachen Druck auf den Kristall und bewirken dabei, daß elektrischer Strom fließt, dessen Spannung sich entsprechend den Tönen verändert.

Das elektrische Signal wird zum Aufnahmekopf des Tonbandgerätes geleitet. Dieser besteht aus einem gebogenen Stück Eisen, um das eine Spule aus Draht gewickelt wurde, damit ein Elektromagnet entsteht. Im Eisenstück gibt es zwischen den Enden einen schmalen Schlitz, und wenn das Signal durch die Spule fließt, werden in dem Schlitz magnetische Felder erzeugt. Das Tonband, das eine dünne Schicht magnetischen Materials, nämlich Eisenoxid, trägt, wird dicht an diesem Schlitz entlanggeführt. Als Folge davon wird das Eisenoxid magnetisiert. Das auf dem Band erzeugte Magnetmuster richtet sich nach dem Signal, das vom Mikrophon produziert wurde. Wenn das Signal stark ist, ist auch das Band entsprechend stark magnetisiert.

Zur Wiedergabe einer Aufnahme wird das Band an dem Wiedergabekopf vorbeigeführt, der dem Aufnahmekopf ähnelt. Während das Band an dem Kopf vorbeigeleitet wird, erzeugt der magnetisierte Abschnitt auf dem Band ein Signal in der Spule des Wiedergabekopfes. Je stärker die Magnetisierung auf dem Band ist, desto stärker ist auch das erzeugte Signal. Daher ist das vom Wiedergabekopf erzeugte Signal identisch mit demjenigen, das während der Aufnahme vom Mikrophon erzeugt wurde. Das Signal wird anschließend verstärkt und zum Lautsprecher geleitet, wo es in Töne umgewandelt wird.

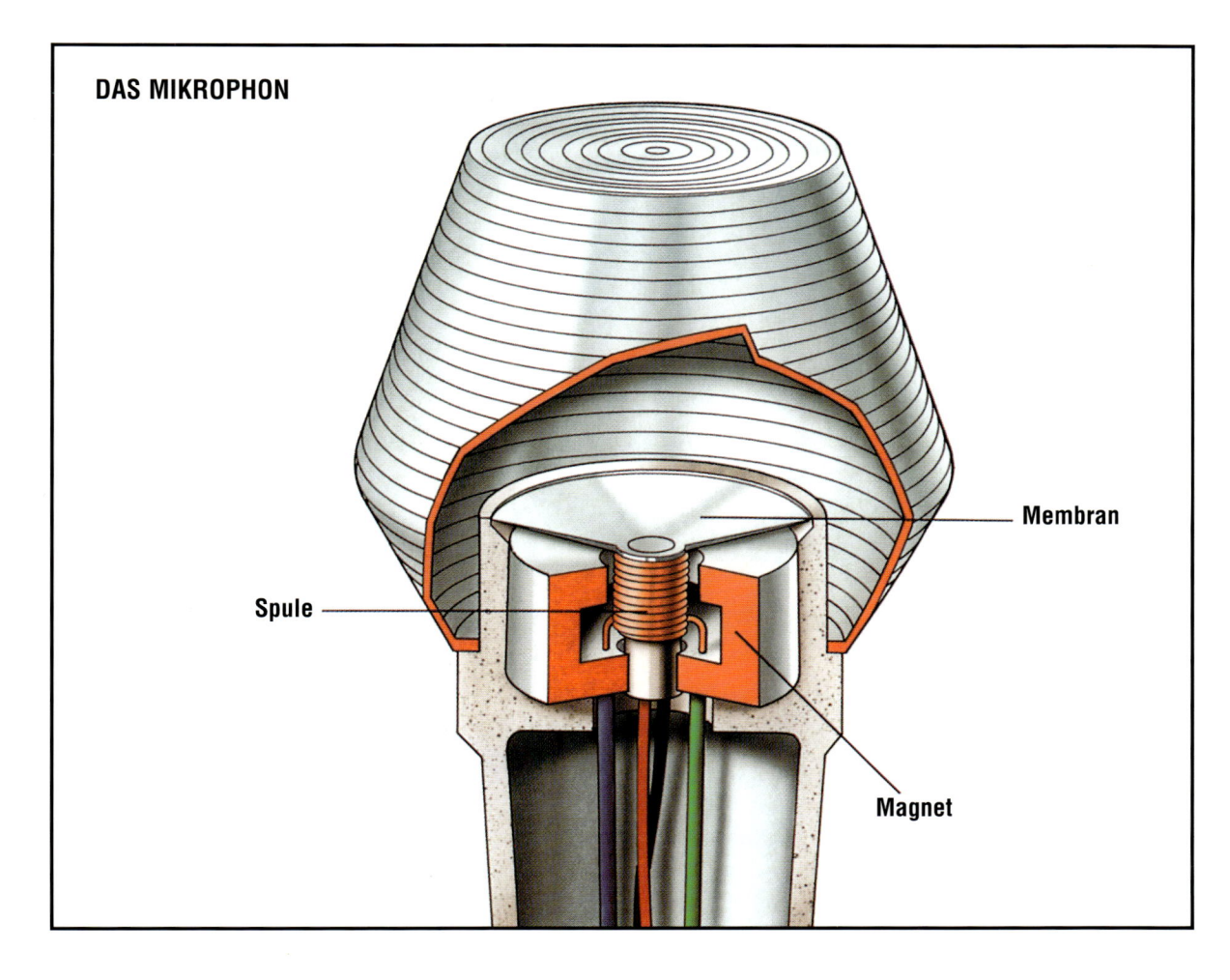

DAS MIKROPHON

Spule
Membran
Magnet

Links: Es gibt eine Reihe verschiedener Mikrophon-Typen. Bei diesem dynamischen Mikrophon bringen die Schallwellen die Membran beim Auftreffen zu Schwingungen. Die an der Membran befestigte Spule bewegt sich zwischen den Magnet-Polen. Durch die Bewegungen wechselt der Strom, der durch die Spule fließt, im selben Maß wie die Schallwellen.

ZU HAUSE

DAS RADIO

Unten: Die meisten Haushalte besitzen ein Radiogerät, um die von den Sendern ausgestrahlten Radioprogramme zu empfangen. Mit dem Tuner oder Senderwahlkopf wählt man das Signal des gewünschten Senders aus.

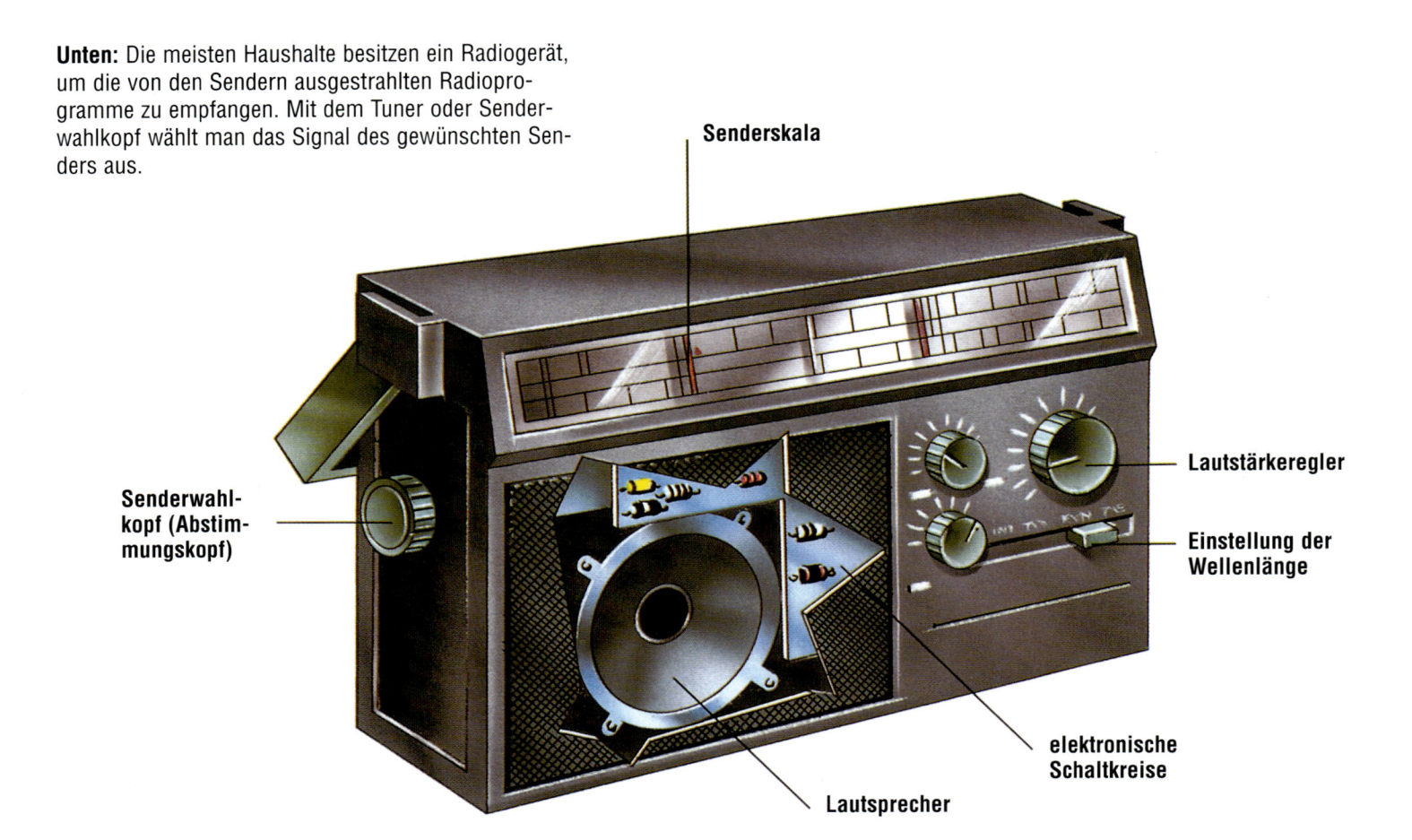

- Senderskala
- Senderwahlkopf (Abstimmungskopf)
- Lautstärkeregler
- Einstellung der Wellenlänge
- elektronische Schaltkreise
- Lautsprecher

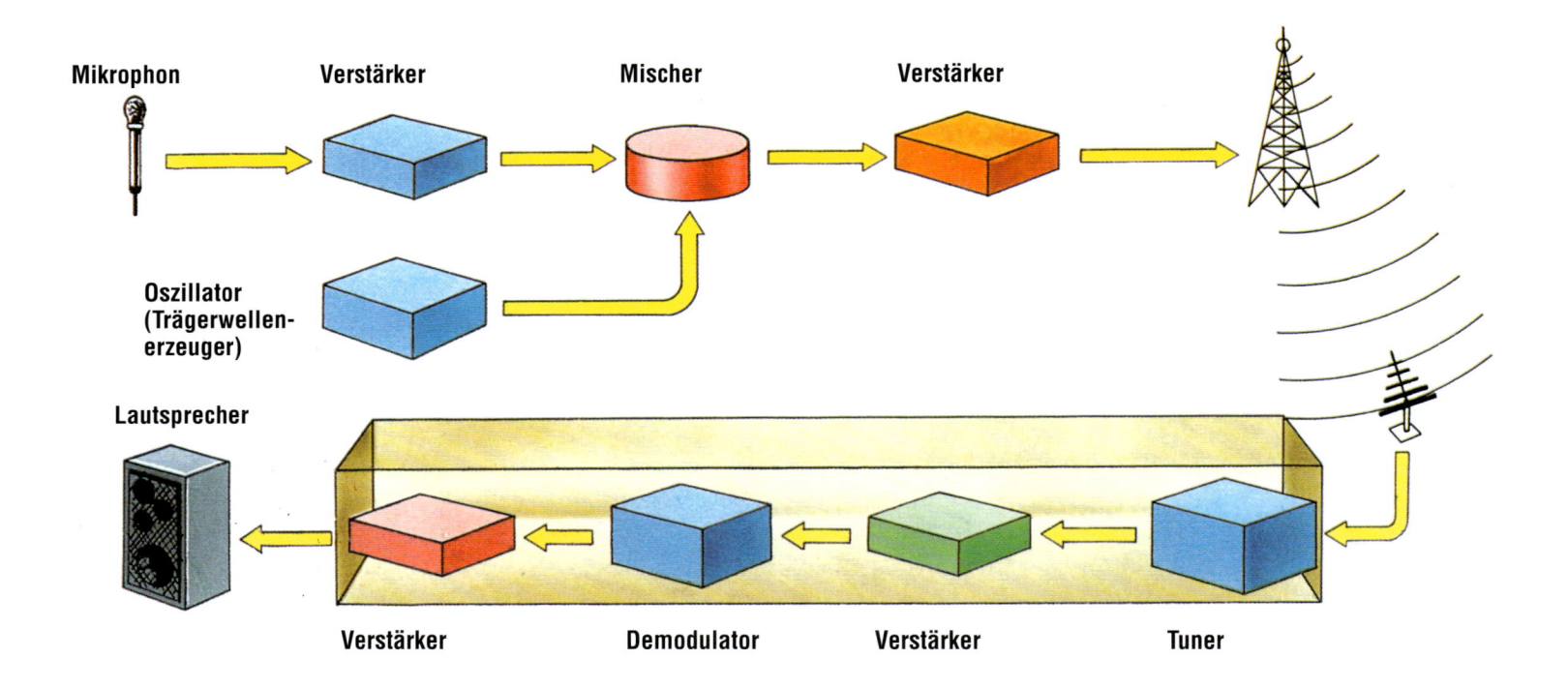

- Mikrophon
- Verstärker
- Mischer
- Verstärker
- Oszillator (Trägerwellenerzeuger)
- Lautsprecher
- Verstärker
- Demodulator
- Verstärker
- Tuner

Oben: In einer Sendestation wird das vom Mikrophon erzeugte elektrische Signal (das Tonsignal) durch den Verstärker verstärkt. Dann wird es mit der Trägerwelle des Oszillators gemischt. Dieser Vorgang heißt Modulation. Nachdem es weiter verstärkt wurde, wird das Signal gesendet. Im Radioempfänger wählt der Tuner das Signal des benötigten Senders. Das Signal wird nun verstärkt und an den Demodulator geleitet, der die Träger- und Tonsignale voneinander trennt. Das Tonsignal wird verstärkt und an den Lautsprecher weitergegeben.

DAS RADIO

Rundfunkgeräte oder Radios nennt man oft auch Rundfunk-Empfänger, weil sie ein Signal von einer weit entfernten Sendestation empfangen. Die Rundfunkstation wird auch als Sender bezeichnet, da sie das Signal aussendet.

Die vom Sender ausgestrahlten Signale werden als Radiowellen bezeichnet. Genauso wie sich Wellen in einem Teich, in den man einen Stein geworfen hat, ringförmig ausbreiten, so strahlen auch Radiowellen von der Sendestation aus. Es handelt sich tatsächlich um Wellen aus Elektrizität und Magnetismus, die sich im leeren Raum mit einer Geschwindigkeit von 300.000 km/Sekunde ausbreiten. Mit diesem Tempo kann man die Erde in einer Sekunde fast 8 Mal umkreisen!

Im Sender werden Radiowellen durch eine Antenne erzeugt, einen Metalldraht, der hoch über der Erde angebracht ist. Ein rasch wechselnder elektrischer Strom wird durch die Antenne geleitet, der dazu führt, daß die Elektronen in der Antenne schwingen und eine Radiowelle erzeugen, die man als Trägerwelle bezeichnet. Die Stärke oder die Frequenz der Trägerwelle wird zum Transport des Schalls verändert. (Die Frequenz ist die Anzahl Wellen, die pro Sekunde erzeugt werden.) Dies geschieht, indem das Studiomikrophon an den Sender angeschlossen wird, so daß es die Trägerwelle moduliert (verändert).

Auch der Rundfunkempfänger ist an eine Antenne angeschlossen. Wenn ein Radiosignal auf die Antenne trifft, beginnen schwache elektrische Ströme zu fließen. Durch Abstimmung der elektronischen Schaltkreise im Empfänger können die Signale eines ganz bestimmten Senders empfangen werden. Anschließend entfernen die elektronischen Schaltkreise die Trägerwelle. Das verbleibende Schallsignal wird verstärkt an den Lautsprecher weitergegeben und in Töne umgewandelt.

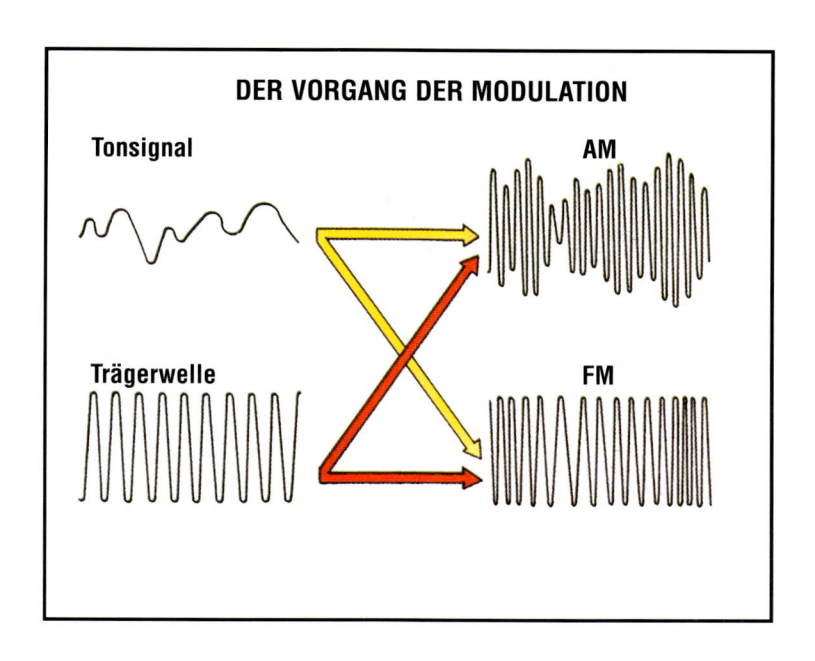

Oben: Beim Modulationsvorgang wird das Tonsignal der Trägerwelle hinzugefügt. Es gibt zwei Systeme: AM (Amplitudenmodulation) – dabei ändert sich die Stärke der Trägerwelle mit dem Tonsignal; FM (Frequenzmodulation) – dabei ändert sich die Frequenz der Trägerwelle mit dem Tonsignal.

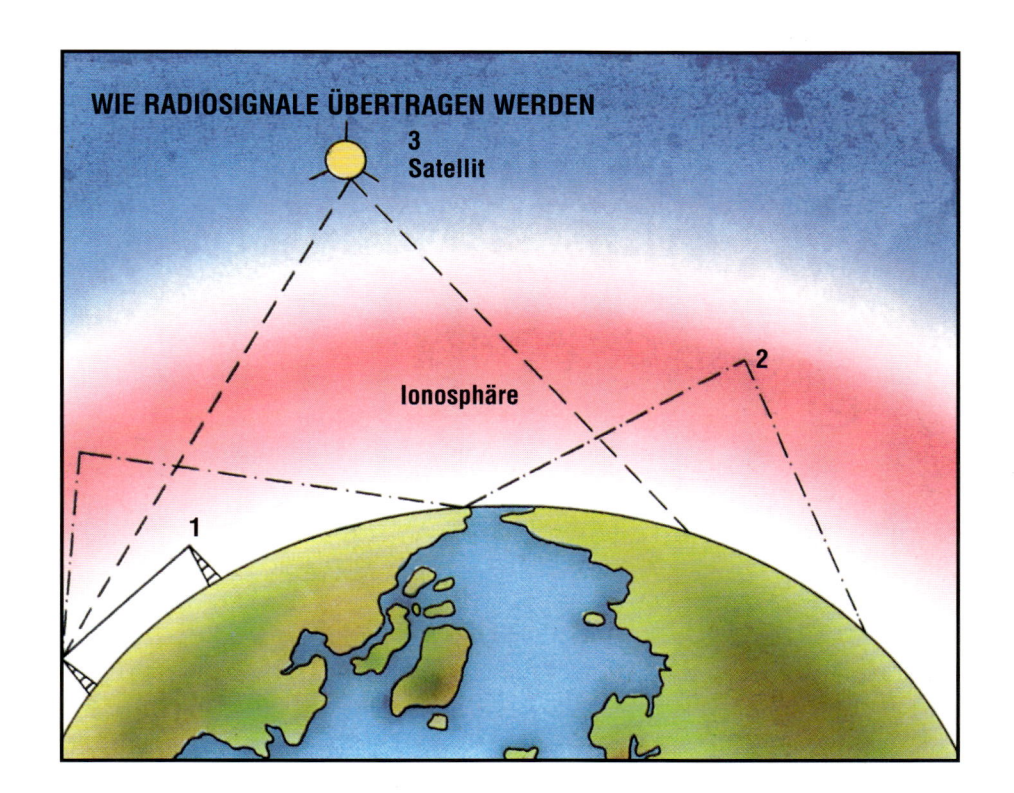

Oben: Wie Radiosignale übertragen werden
1. Manche Signale werden in gerader Linie vom Sender zum Empfänger übertragen. Diese Methode kann nur bei geringen Entfernungen benutzt werden. **2.** Manche Wellen werden von der Ionosphäre, einer Schicht aus geladenen Teilchen in der Atmosphäre, reflektiert. Diese Wellen, die Raumwellen, können große Entfernungen überwinden, besonders dann, wenn sie mehr als einmal zurückgeworfen werden. **3.** Kommunikationssatelliten, die die Erde oberhalb der Atmosphäre umkreisen, können Signale zur Erde zurücksenden.

ZU HAUSE

DAS FERNSEHGERÄT

WIE DAS BILD ENTSTEHT

Lochmaske

Elektronenkanone

Phosphorpunkte

Links: Elektronenkanonen erzeugen drei Elektronenstrahlen. Die Elektronen werden von Elektromagneten gelenkt. Die Strahlen fallen durch Öffnungen in einer Scheibe, der Lochmaske. Dadurch wird sichergestellt, daß die Strahlen auf die Phosphorabschnitte der richtigen Farbe fallen.

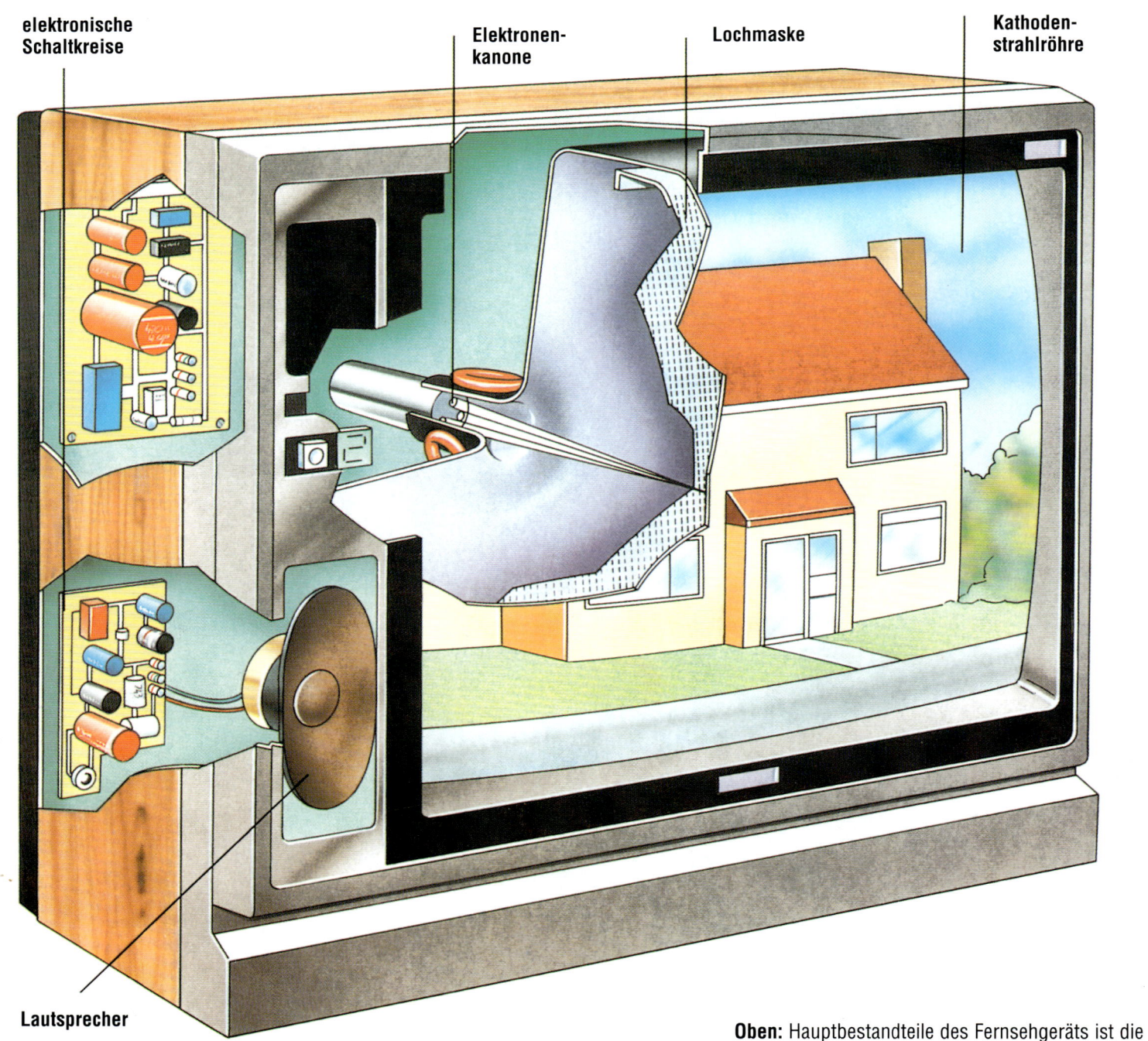

elektronische Schaltkreise

Elektronenkanone

Lochmaske

Kathodenstrahlröhre

Lautsprecher

Oben: Hauptbestandteile des Fernsehgeräts ist die Kathodenstrahlröhre, die man auch Braunsche Röhre nennt. Der sichtbare Bildschirm ist das eine Ende dieser Röhre. Am anderen Ende werden Elektronen erzeugt, die den Bildschirm zum Leuchten bringen.

DAS FERNSEHGERÄT

Unten: Mit der Fernbedienung können die meisten Einstellungen des Fernsehgerätes vom Sessel aus verändert werden. Wird ein Knopf gedrückt, dann erzeugt eine elektronische Schaltung kurze Stromimpulse. Damit wird eine Leuchtdiode betrieben, die sich an der Vorderseite der Fernbedienung befindet. Die Lichtblitze der Leuchtdiode sind infrarot, sie sind für unser Auge nicht sichtbar. Ein Lichtsensor an der Vorderseite des Fernsehers empfängt die Lichtblitze und wandelt sie wieder in Stromimpulse um, mit denen das Fernsehgerät eingestellt wird.

Ebenso wie ein Rundfunkempfänger besitzt auch das Fernsehgerät eine Antenne. Sie ist dazu da, die Signale nahegelegener Fernsehsender aufzufangen. Indem man die Tasten der Fernbedienung drückt, wählt man das Signal des Senders, dessen Programm man sehen möchte. Im Innern des Empfängers wird der Teil des Signals, der die Bildinformation trägt, von dem Tonsignal getrennt. Das Tonsignal wird zum Lautsprecher geleitet. Das Bildsignal gelangt zur Kathodenstrahlröhre.

Der Fernsehbildschirm entspricht dem einen Ende der Kathodenstrahlröhre. Auf der Innenseite ist er mit einer chemischen Substanz, Phosphor, beschichtet. Diese Phosphorschicht leuchtet, wenn sie von elektrisch geladenen Teilchen, den Elektronen, getroffen wird. Am entgegengesetzten Ende der Röhre befindet sich beim Schwarz-Weiß-Bildschirm eine Elektronenkanone. Die Elektronenkanone schießt die Elektronen mit hoher Geschwindigkeit auf den Bildschirm. Während der Strahl sich über dem Bildschirm bewegt, erzeugt das von ihm verursachte Leuchten das Fernsehbild.

Bei einem Farbfernsehgerät bildet die Phosphorschicht auf dem Bildschirm Punktmuster. Die Punkte sind immer zu dritt angeordnet – ein rotleuchtender Punkt, ein blauleuchtender und ein grünleuchtender Punkt. Das von der Antenne empfangene Signal enthält immer drei Teile, die den verschiedenen Farben in dem übertragenen Bild entsprechen – Rot, Blau und Grün. Diese Bestandteile des Signals werden in der Kathodenstrahlröhre zu getrennten Elektronenkanonen geleitet. Die Elektronen aus der Elektronenkanone, die den blauen Anteil des Bildes übertragen, werden auf die Phosporpunkte, die blaues Licht ausstrahlen, gelenkt. Die Elektronen der anderen Elektronenkanonen strahlen in derselben Art auf die roten und grünen Punkte. An jedem Punkt des Bildschirms mischen sich die drei Farben, um den Farben des Originalbildes zu entsprechen.

Rechts: Kommunikationssatelliten werden benutzt, um Fernsehsignale über große Entfernungen hinweg zu übertragen. Solche Satelliten umkreisen die Erde in einer Höhe von 35.900 km – sie scheinen über einem Punkt auf der Erdoberfläche festzustehen. Von einem Fernsehsender fangen sie Signale auf, und senden sie zurück auf die Erde, wo sie von kleinen Schüsselantennen aufgefangen werden. Die Satellitenantenne ist an einen eigenen Empfänger, den Tuner, angeschlossen. Das Fernsehgerät wird mit dem Tuner verbunden. Die großen "Flügel" des Satelliten tragen Sonnenkollektoren, sie fangen das Sonnenlicht ein und wandeln es in Elektrizität für den Betrieb der Sender um.

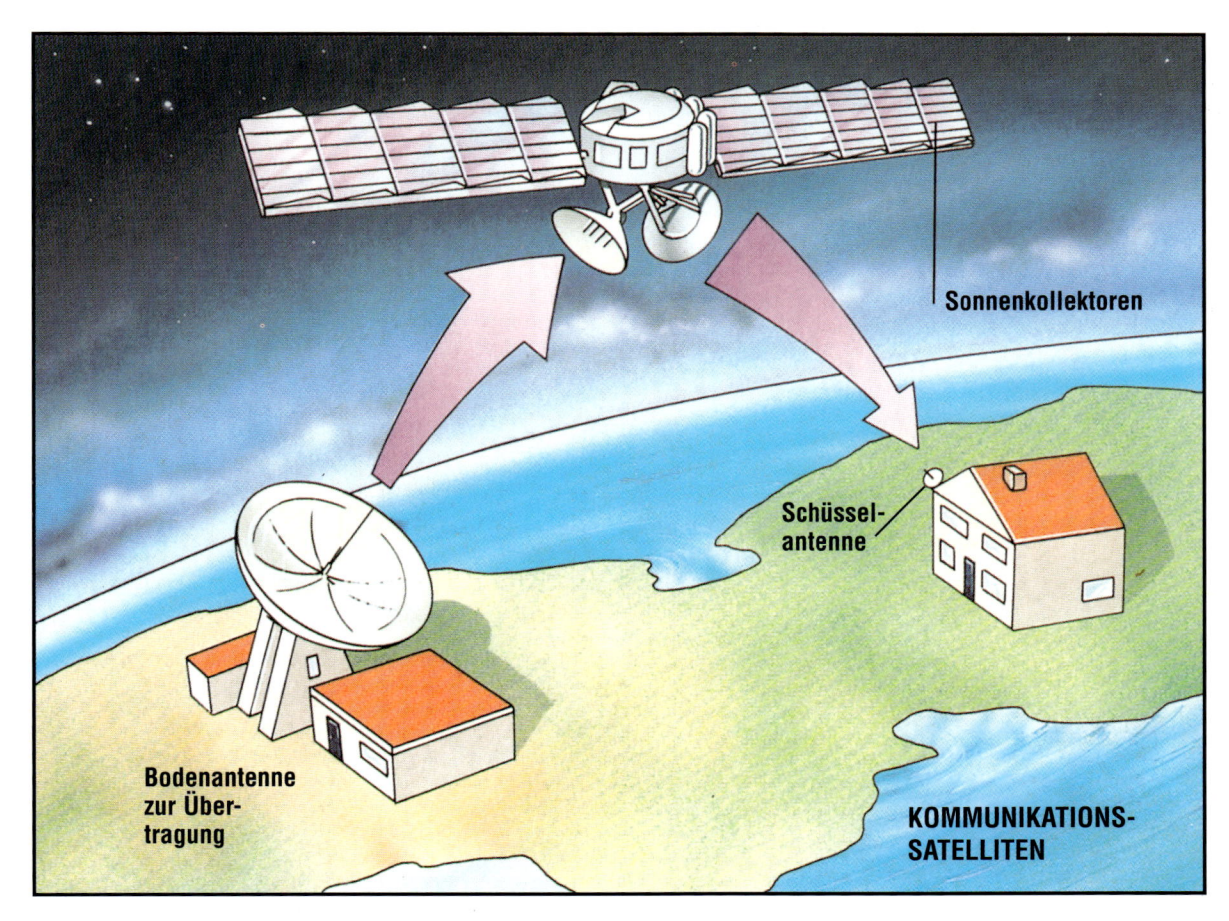

ZU HAUSE

DER VIDEORECORDER

Die meisten Videorecorder zeichnen Bilder auf Magnetband auf. Aber es ist auch möglich, Bilder auf sogenannte Bildplatten zu speichern. Videobänder sind den Magnetbändern ähnlich, die zum Aufzeichnen von Musik und Sprache dienen (s.S. 68), mit dem Unterschied, daß Videobänder breiter sind als Tonbänder. Beide Bandsorten werden aus Kunststoff hergestellt, der mit einer dünnen Magnetschicht versehen ist.

Wenn ein Fernsehprogramm aufgenommen werden soll, wird das von der Antenne aufgefangene Signal, nicht an die Fernseh-Röhre weitergeleitet. Statt dessen geht das Signal zum Aufnahmekopf des Videorecorders. Der Aufnahme- und der Wiedergabekopf eines Videorecorders sind komplizierter als die eines Tonbandgerätes. Die zwei Köpfe sitzen in einer Trommel, die sich dreht, während das Band sich darüberbewegt. Die Trommel ist schräg gestellt, so daß die Köpfe ein magnetisches Wellenmuster erzeugen, wenn sie etwas auf das Band aufzeichnen. Das Kopfpaar speichert jedesmal, wenn die Trommel rotiert, ein Paar wellenförmiger Linien auf das Band, die dann ein komplettes Bild ergeben. Durch dieses System wird es möglich, mehr Informationen auf dem Band unterzubringen. Wenn diese Methode nicht angewandt würde, wären zur Aufnahme eines 1stündigen Programms 33 km Band nötig! Töne werden auf einem Videoband am oberen und unteren Rand des Bandes in geraden Linien aufgenommen. Dafür werden getrennte Tonaufnahmeköpfe und Tonwiedergabeköpfe benutzt.

Ein besonders kleiner tragbarer Videorecorder ist im Camcorder zusammen mit einer Videokamera eingebaut. Das Licht fällt durch eine Linse auf einen CCD-Chip. Das ist eine elektronische Schaltung, die ein komplettes Bild aufnehmen und in elektrische Stromimpulse umwandeln kann.

Zusätzlich hat der Camcorder an der Vorderseite ein Mikrophon, um Töne aufnehmen zu können.

Unten: Ein Videorecorder enthält einen eigenen Fernsehempfänger, der das Bild aber nicht auf einem Bildschirm zeigt, sondern auf ein Magnetband schreibt. Der Videorecorder kann eine Sendung aufnehmen, während gleichzeitig auf dem Fernseher ein anderes Programm läuft. Die Aufnahme kann beim Videorecorder so programmiert werden, daß sie automatisch erfolgt. Beim Abspielen von Videokassetten empfängt das Fernsehgerät keinen Sender, sondern es bekommt seine Bild- und Tonsignale über ein Kabel vom Videorecorder.

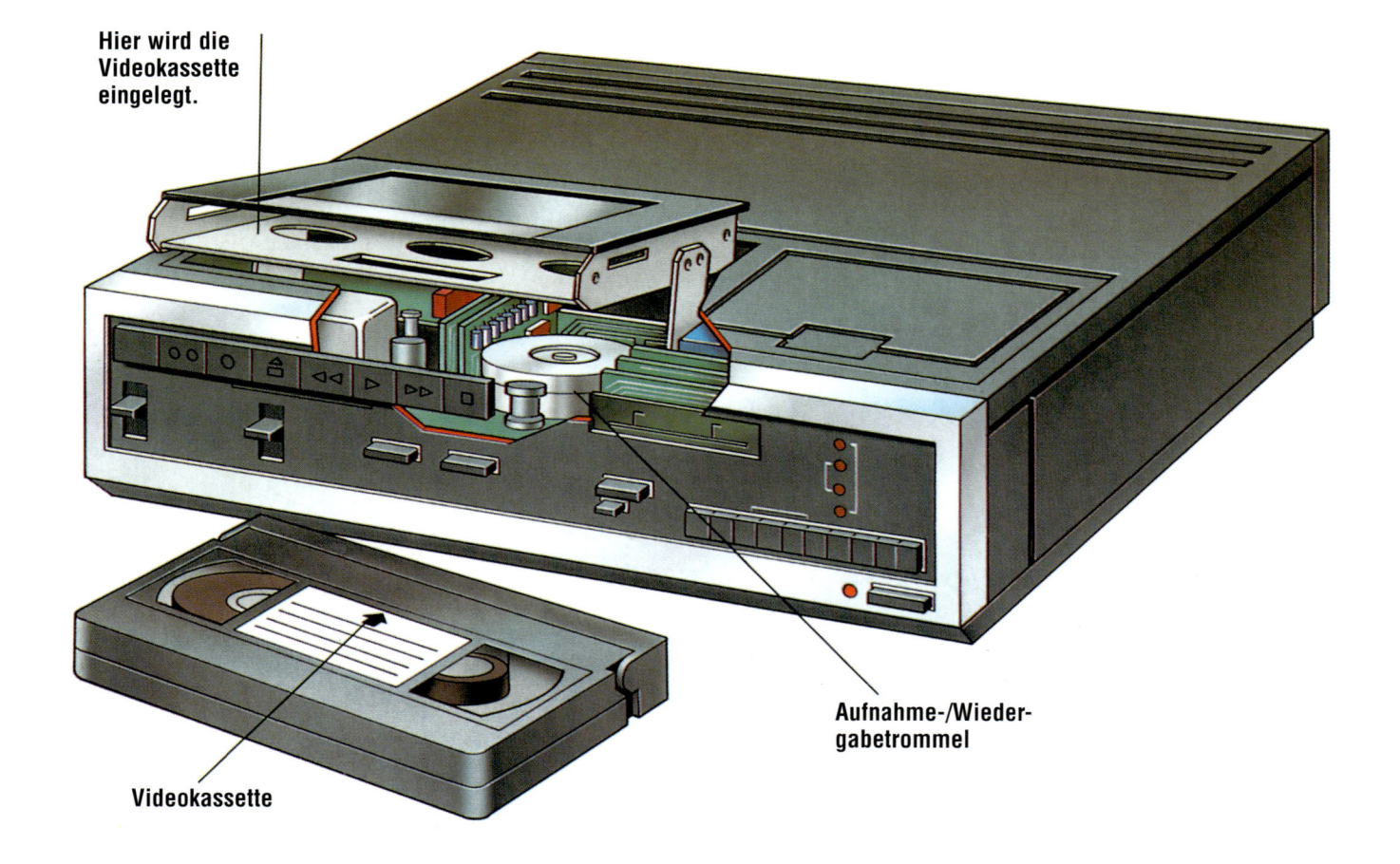

Hier wird die Videokassette eingelegt.

Aufnahme-/Wiedergabetrommel

Videokassette

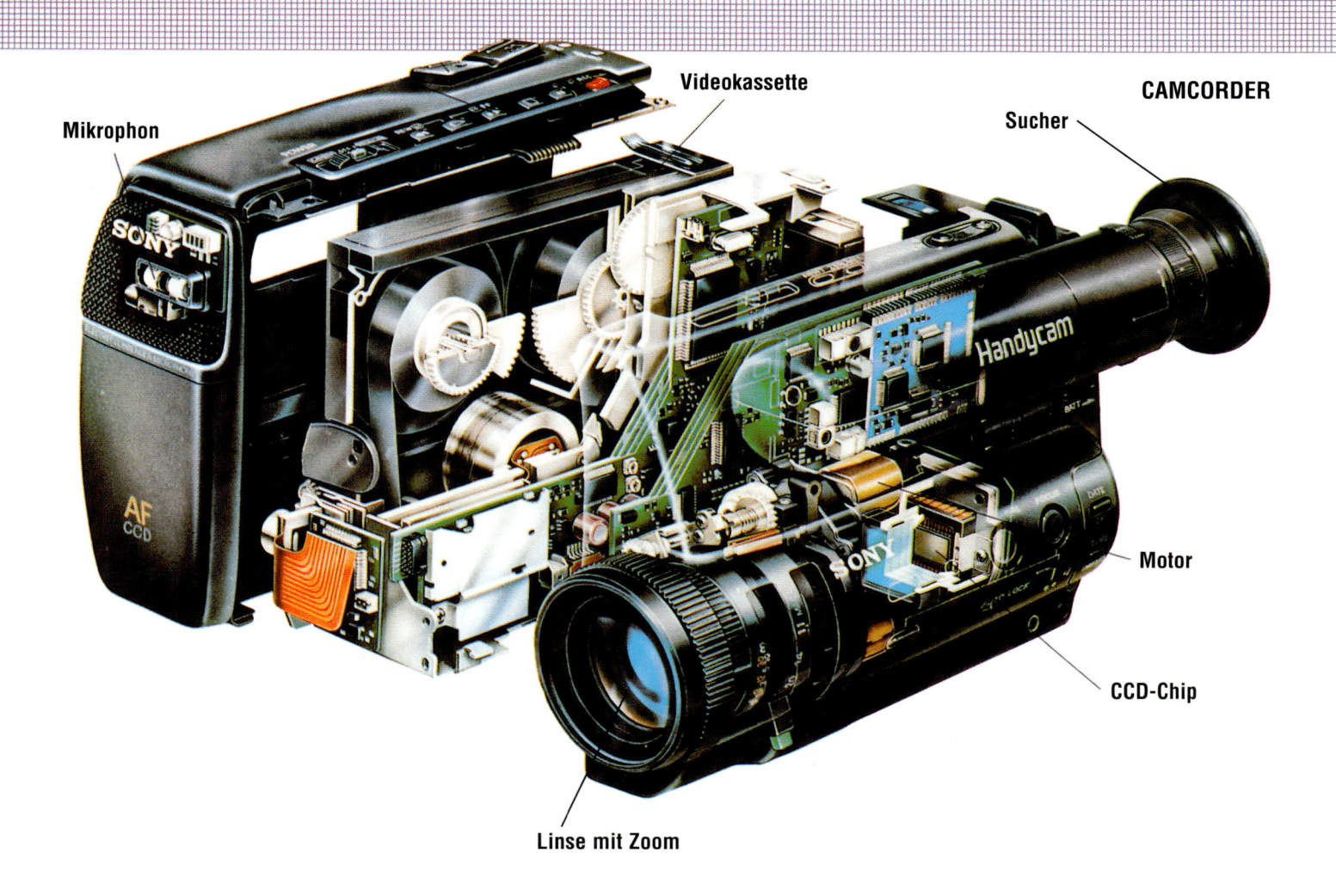

DER VIDEORECORDER

CAMCORDER

- Mikrophon
- Videokassette
- Sucher
- Motor
- CCD-Chip
- Linse mit Zoom

Oben: Ein Camcorder ist eine Videokamera mit eingebautem Mikrophon und eingebautem Videorecorder. Die Aufnahmen können im Sucher betrachtet werden, lassen sich aber auch auf einem normalen Videorecorder abspielen.

DIE FÜHRUNG DES BANDES

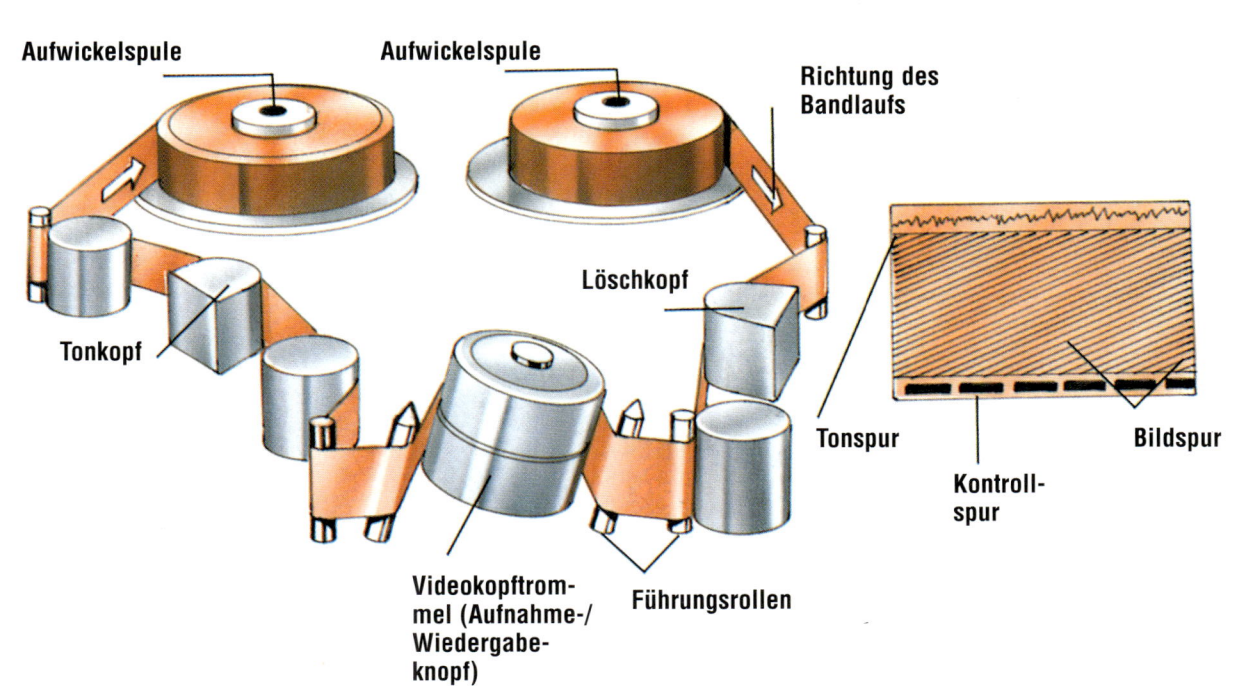

- Aufwickelspule
- Aufwickelspule
- Richtung des Bandlaufs
- Löschkopf
- Tonkopf
- Tonspur
- Bildspur
- Kontrollspur
- Videokopftrommel (Aufnahme-/Wiedergabeknopf)
- Führungsrollen

Links: Im Innern eines Videorecorders wird das Band über die Videokopftrommel und am Tonkopf entlanggeführt. Der Tonkopf zeichnet die Tonspur entlang des oberen Randes auf das Band auf. Das Videosignal wird mittels diagonal verlaufender Spuren quer über das Band gespeichert.

ZU HAUSE

DER FOTOAPPARAT

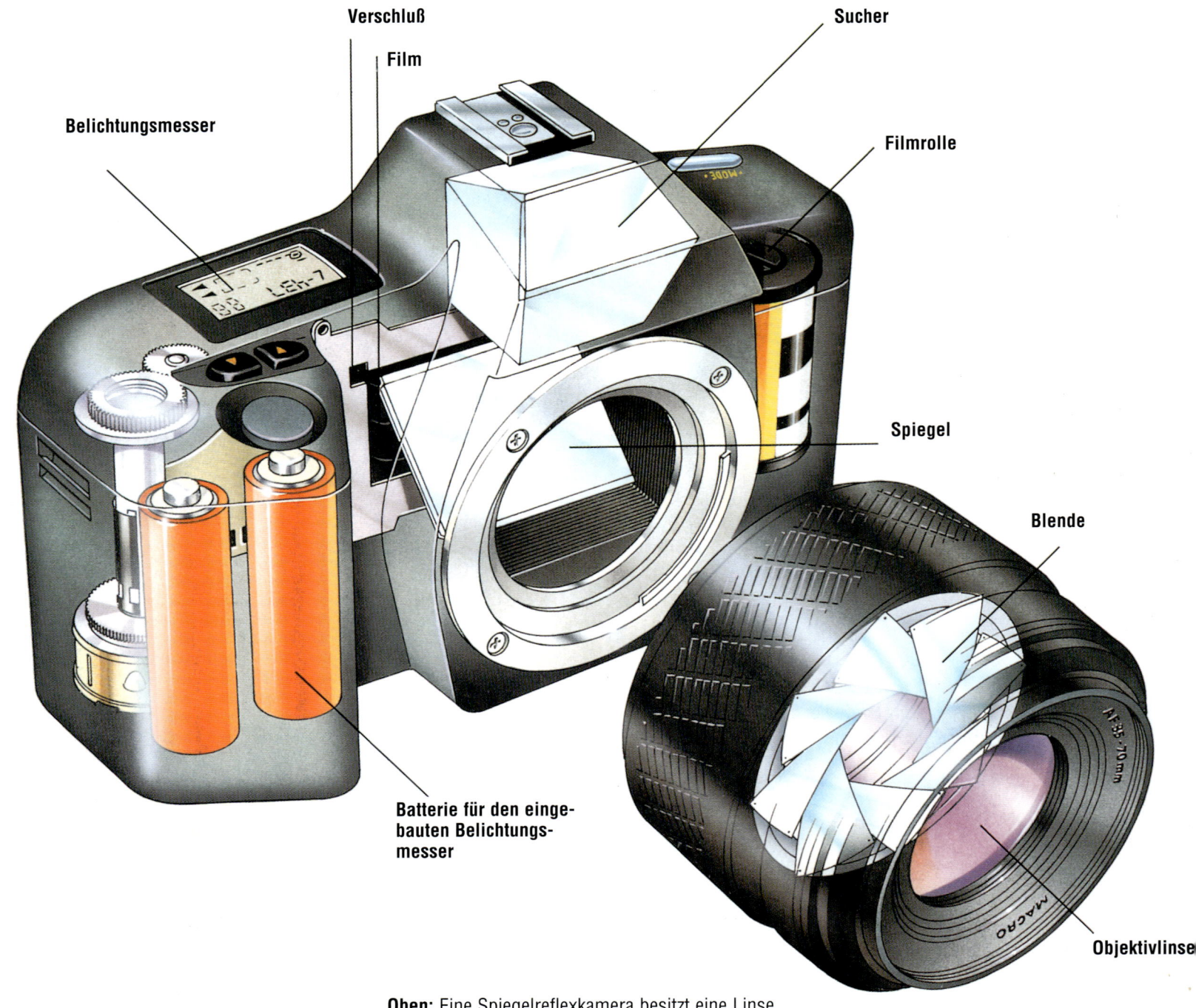

Belichtungsmesser

Verschluß

Film

Sucher

Filmrolle

Spiegel

Blende

Batterie für den eingebauten Belichtungsmesser

Objektivlinse

Oben: Eine Spiegelreflexkamera besitzt eine Linse (Objektiv), die man auswechseln kann. Die Blende im Objektivgehäuse regelt die Größe der Blendenöffnung, durch die Licht in die Kamera fällt. Der Spiegel lenkt das Licht von der Linse zum Sucher. Die Verschlußklappe befindet sich direkt vor dem Film. Wenn ein Foto gemacht wird, öffnet sich der Verschluß und gibt einen Streifen frei, der sich über den Film bewegt.

Rechts: Die Entwicklung eines Schwarz-Weiß-Films
1. In völliger Dunkelheit gelangt der Film in die Entwicklungsdose.
2. Eine chemische Substanz, der Entwickler, wird hinzugefügt, um das Abbild auf dem Film zum Vorschein zu bringen.
3. Das Abbild wird dann durch Hinzufügen des Fixierers, einer anderen chemischen Substanz, dauerhaft fixiert.
4. Der Film wird mit Wasser gespült, um unerwünschte Chemikalienreste zu entfernen.

WIE EIN FILM ENTWICKELT WIRD

1 2 3 4

DER FOTOAPPARAT

Ein Fotoapparat (Kamera) ist ein lichtgeschützter Kasten mit einer Linse an einem Ende und einem Stück Film am anderen Ende. Durch ein Loch vor der Linse, die Blendenöffnung, fällt Licht in die Kamera ein. Die Linse erzeugt auf dem Film ein Bild von den Motiven, die sich vor der Kamera befinden. Eine zwischen dem Film und der (Objektiv-) Linse angebrachte Klappe, die man Verschluß nennt, verhindert, daß Licht auf den Film fällt, ehe der Auslöserknopf betätigt wird. Drückt man auf diesen Knopf, so öffnet sich die Klappe, meist nur für Sekundenbruchteile. Der Film reagiert auf den Lichteinfall, und in seiner lichtempfindlichen Beschichtung finden chemische Vorgänge statt. Wenn der Film entwickelt ist, kann man das auf ihm entstandene Bild sehen.

Die Kameras einfachster Bauart bieten nur eine einzige Verschlußzeit und eine fest eingestellte Objektiv-Linse. Beide sind so gewählt, daß an einem sonnigen Tag die richtige Lichtmenge in die Kamera fällt und das Bild auf dem Film scharf ist. Komplizierte Kameras zur Aufnahme perfekter Fotos bei allen denkbaren Lichtverhältnissen bieten eine ganze Reihe verschiedener Verschlußzeiten und Blendeneinstellungen. Man kann ihre Linsen (Objektive) austauschen, und sie verfügen über verschiedenes eingebautes Zubehör. In der Regel ist ein eingebauter Belichtungsmesser das wichtigste Zubehör. Er mißt die Lichtstärke und richtet Verschlußzeit und Blende so aus, daß ein gutes Foto entsteht.

Die Autofocus-Kamera (AF), die als unkomplizierte Kleinbildkamera weit verbreitet ist, sendet unsichtbare Infrarot-Strahlen aus. Diese Strahlen werden von dem Gegenstand, der fotografiert werden soll, zurückgeworfen. In der Kamera befindet sich eine Meßeinrichtung, die diese Strahlen aufnimmt und die Linse mit einem kleinen Motor bewegt, bis das Bild richtig eingestellt ist, und ein scharfes Abbild auf dem Film entsteht. Für die unterschiedlichen Fotografien werden verschiedene Filmarten verwendet. Hoch lichtempfindlicher Film ist für Aufnahmen in dunkler Umgebung und Kurzzeitaufnahmen schneller Bewegungen geeignet, weniger lichtempfindliche Filme für eher statische Aufnahmen wie z.B. Porträts.

WIE EIN FOTO GEMACHT WIRD

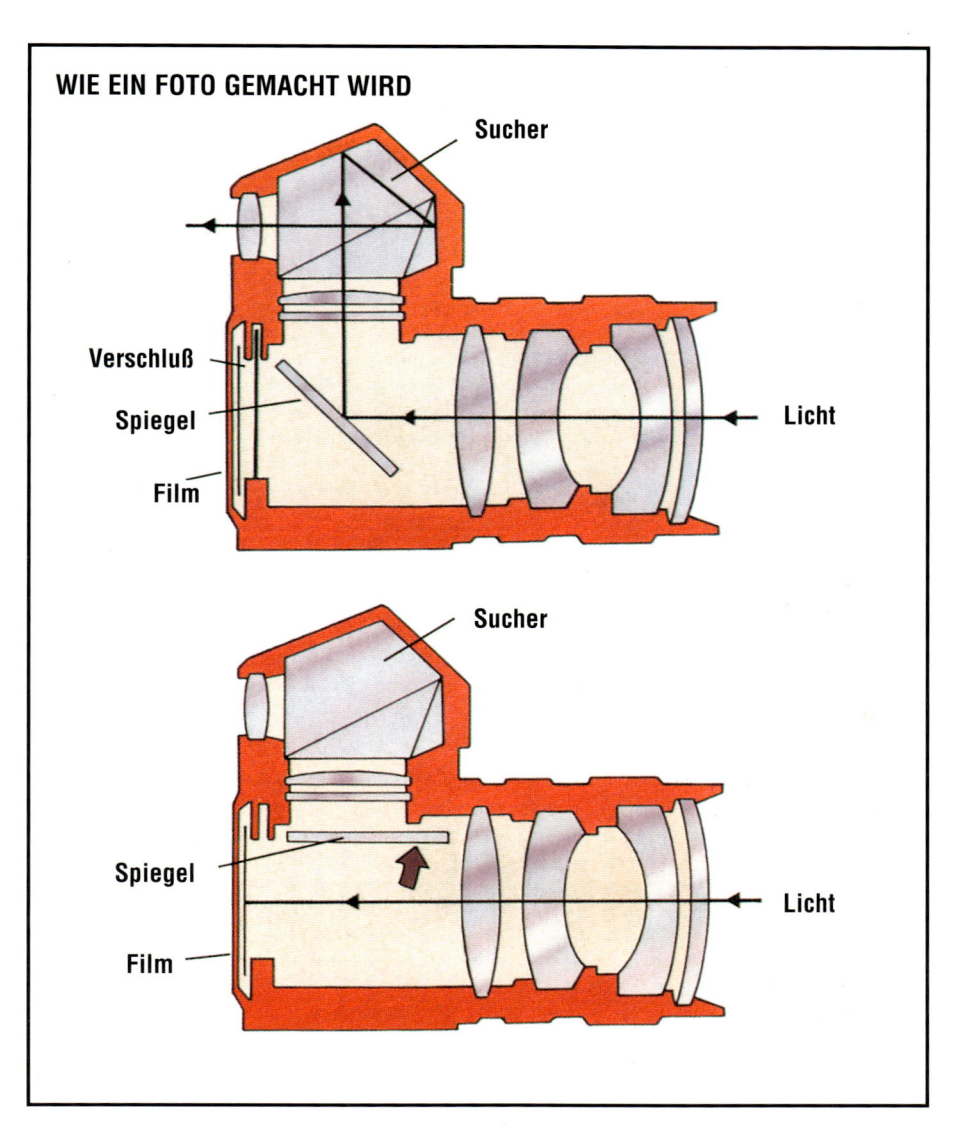

Oben: Bei der Spiegelreflexkamera wird ein Spiegel verwendet, damit der Benutzer durch das Objektiv blicken kann. Wenn der Auslöser gedrückt wird, springt der Spiegel nach oben und läßt Licht auf den Film fallen.

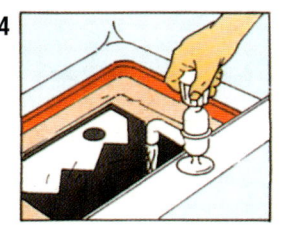

Links: Wie man Abzüge von einem Film macht.
1. Der Film wird in einen Vergrößerer eingelegt und das Bild auf Fotopapier belichtet.
2. Das Fotopapier wird dann in eine Schale mit Entwickler gelegt.
3. Das Papier wird in Fixierer gebadet.
4. Schließlich wird das Papier mit Wasser gespült.

WIE MAN ABZÜGE VON EINEM FILM MACHT

REGISTER

Fettgedruckte Seitenzahlen beziehen sich auf Bildtexte

A
ABS **19**
Absetzbecken **8**
Abwasser 9, **9**
Achse 16
Airbag 18
Aktivkohlefilter 9
Alaun 9
Altpapier-Recycling **42**
AM (Amplitudenmodulation) **71**
Ankerrad 62, 63
Antenne, - Fernseh- 73, **73**, 74
Antenne, - Radio- 29, 71
Atom-U-Boot 29, **29**
Atome 7, **52**, 53
Atomraketen **29**
Aufnahmekopf **68**, 69
Auftrieb 24, 26
Aufzug 33, 34, **34**
Auslaßschlitz 13
Ausgabe-Einheit (Computer) 41
Auspuffrohre 14, 17
Auto 16-19
Autofocuskamera 77

B
Bakterien 9, **9**
Balancerad **63**
Ballast-Tanks **28**, 29
Batterien 16, **17**
Belebungsbecken 9
Belichtungsmesser, elektronischer 77
Benzin **12**, 13, 50
Bildsignale, Fernseh- 73
Bitumen 50
Blende 76
Blendenöffnung **76**, 77
Blut **58**, 59
Bohrinsel (Erdöl-) **49**
Bohrlochverschluß 49
Bohrmaschine 64
Bohrmeißel **48**, 49
Bohrturm 49
Bor 7
Braunsche Röhre **72**
Bremsleitung 17
Bremspedal 16, **17**
Brennkammern 14
Brennstäbe 7
Buchdruck 44

C
Camcorder 74, **75**
CD (Compact Disc) **67**
Chip, (Silizium) **40**, 41, **41**
Computer **40**, 41, 54, **54**, 55, 56, **56**
Computertomograph 56, **56**, 57
Crash-Test 18

D
Dampfbügeleisen **65**

Dampfkessel **4**, 22, **22**
Demodulator 70
Destillationskolonne 50, **50**
Dialyse **58**, 59
Dieselkraftstoff 13, 50
Dieselöl 13
Differential 16, **17**
Digitaluhr **63**
Diskette **40**, 41
Drehflügel, (Hubschrauber-) 26, **26**
Druck 14, 16, 26, 30, 64
Druckplatte (Stereo) 44
Druckverfahren 44, **44**
Dummy 18
Dünger 9
Düsentriebwerk 14, **14**, 15, **15**, 25, **25**, **26**

E
Eingabe-Einheit (Computer) 41
Einlaßschlitz 13
Eisenabfälle 46
Eisenerz 46, **47**
Eisenoxid 69
elektrische Haushaltsgeräte 64
elektrische Signale 38, **40**, 54, **54**, 55, **66**, 67, 69, 70, 74, **75**
elektrische Spannung 4, **4**, 5, **5**, 38, 67, 69, **69**, 71
elektrisches System 16, **17**
Elektroden 53
Elektroherd 64
Elektromagneten 4, 38, 67, **68**, 69
elektromagnetische Wellen 71
Elektromotoren 10-11, **10**, **11**, **23**, 65, 22, 34, 35, 64
Elektronen 52, 57, **72**, 73
Elektronenstrahlen **72**, 73
Elektronenkanone **72**, 73
elektronischer Schaltkreis 41, **41**
Elektrorasierer 64
elektrostatischer Kopierer 37
Empfänger, Fernseh- 73
Empfänger, Radio- 71
Energie 5, 7
Entwickler **76**, 77
Erdöl 4, 7, 13, 16
Erdölförderung **48**, 49, **49**
Erdölraffinerie 50, **50**

F
Fahrstuhl s. Aufzug
Fan (Düsentriebwerk) 14
Farbendruck **44**, 45
Federn **17**, 21, **60**, 61, **61**, 62
Federungssystem 16, **17**, 21
Fernbedienung **72**, 73
Fernsehantennen 73, **73**, 74
Fernsehgerät **72**, 73
Fernsehsender 72, **73**
Fernsehsignale 73, **73**

Filmentwicklung 76
Filter, Fotokopierer 37
Filter, Klimaanlage **33**
Filter, Staubsauger 65
Fixierer **76**, 77
Flachdruck 44
Flockung 9
Flughafen 35
Flugzug 13, 14, **15**, 24, 25, **25**
FM (Frequenzmodulation) **71**
Foto-Abzüge entwickeln 77
Fotoapparat **76**, 77, **77**
Fotografie 37, 44, **76**, 77
Fotokopierer 37, **37**
Fotopapier 77
Fourdrinier Maschine 43
Fraktionen, Erdöl- 50
Frequenz, Radio- 71
Führungsblätter 14
Fundamente 33
Funkuhr **63**
Fusionsreaktor 7
Futterrohr 49

G
Gas 9, **12**, 13, **14**, 48, 64
Gas, Camping- 50
Gas, Propan- 50
Generator 4, **4**, 5, **6**, 7, 9, 14, **17**, 22, **23**
gerinnungshemmende Mittel 59
Geschirrspülmaschine 64
Getriebe 16, **17**, 21
Glasfaser **39**
Gleichstrom 10, **10**, **11**
Gleis, elektrifiziertes **11**, 22, **23**
Glühbirnen 64
Graphit 7

H
Harn 59
Harnleiter **59**
Hauptfeder **63**
Haushaltsgeräte, elektrische 64
Hebel 16, 63, **63**
Heizfaden 64
Heizlüfter 64
Helium 7, 53
Hemmung 62
Hemmungsrad 63, **63**
Hi-Fi-Anlage **66**
Hochdruck (Buchdruck) 44
Hochofen 46, **47**
Hochspannungsleitungen 4, 5, **5**
Hochtöner 67
Höhenruder 24-25
Holz 43
Hörsignal **70**, 71
Hovercraft 30, **31**
Hubschrauber 26, **26**

I
ICE **11**
Industrieroboter 10
Infrarotlicht 73, 77
integrierter Schaltkreis s. Chip
Ionosphäre **71**

K
Kabel, - elektrische Hochspannungs- 4, 5
Kabel, - elektrische Oberleitungs- **11**, 22, **23**
Kabel, - Telefon- 33
Kalkstein 46, **46**, 47
Kamera **76**, 77, **77**
Kanalisation 33
Kardanwelle 16, **17**
Katalysator (Auto) **17**
Katalysator, chemischer 50, **50**
katalytisches Kracken 50
Kathodenstrahlröhre **72**, 73
Kern, Atom- 6, 7, **7**
Kernfusion 7
Kernkraftwerk 4, 7
Kernspaltung 6, 7
Kernspin-Tomograph **56**
Kerosin 14, 50
Klärbecken **8**, 9, **9**
Klimaanlage 33, **33**
Knautschzone 18
Kohle 38, 46, **47**
Kohle (als Brennstoff) 4, 7, 22
Kohlendioxid **17**
Kohlenmonoxid **17**, 46
Kohlenwasserstoff **17**
Koks 46, **47**
Kolben **12**, 13, **13**, 22, **22**
Kommandoturm 29, **29**
Kommunikationssatelliten 71, 73
Kommutatoren **10**, 11
Kompression 13, 14, **14**, 64
Kompressor 64
Kontrollstäbe 7
Konverter 46, **46**, 47
Kopierer, elektrostatischer 37
Kracken, katalytisches 50
Kraftwerk 4-5, **4**, 7, 10
Kran 10
Kreiselkompaß 29
Kristall, piezoelektrischer 67, 69
Kristall, Quarz- **63**
Krümmer **17**
Kühlmittel 64, **64**
Kühlschlamm **48**, 49
Kühlschrank 64, **64**
Kühlturm **4**
künstliche Niere **58**, 59
Kunststoffe 50
Kupplung 16, **17**, 21
Kurbelwelle **12**

78

L

Landeklappen 35
Laserstrahlen 39, **52**, 53, 55, **67**
Laufband 35
Lautsprecher 38, **39**, **66**, 67, 69, **70**, 71
Lautsprechertrichter **66**, 67
LED (light emitting diode) **54**
Lettern, bewegliche 44
Licht **52**, 53, 54, 55, 77
Linsen 37, **76**, 77, **77**
Lochmaske **72**
Lokomotive s. Zug
Löschkopf **68**
Luftfilter **17**
Luftkissenfahrzeug 30

M

Magnetband 69, 74
Magneten 10, **11**, **66**, 67, **69**, s. a. Elektromagneten
Magnetfeld **10**
Magnetismus 7, **68**, 69, 71, 74
Magnus-Bohrinsel **69**
Membran 38, 59, **66**, 67, 69, **69**
Mikrophon 38, **39**, **68**, 69, **69**, **70**, 71
Mikroprozessor **40**, 41
Moderator 7
Modulation **70**, 71, **71**
Monitor **40**
Motor, Auto- **12**, 13, 14, 16, **17**
Motor, Benzin- 13
Motor, Diesel- 13, 22, **23**
Motor, Motorrad- 13, 20, **21**
Motor, Viertakt- **12**, 13, 21
Motoröl 50
Motorrad 13, 20, 21

N

Nachbrenner **15**
Nadel (Plattenspieler) **66**, 67
Navigationssatelliten 29
Neon 53
Neutronen 6, 7
Niere, künstliche **58**, 59
Nieren 59
Nierenarterie 59
Nierentransplantation 59
Nockenwelle **12**

O

Objektivlinsen **76**, 77, **77**
Offset-Druck 44
Ölbohrinsel **49**
Ozonisierung **8**, 9

P

Palladium **17**
Papier 37, **37**, **42**, 43, **44**, 45
Papierbahn 44
Papierherstellung **42**, 43
Paraffinwachs 50
Pendel 62, 63, **63**
Pendeluhr 62-63
Periskop 29
Petroleum 50
Phosphor 73
Photodetektor **54**, 55, **55**
Photonen **52**, 53
piezoelektrischer Kristall 67, 69
Pit **67**
Pixel **37**
Plasma **7**
Platin **17**
Plattenbauweise **32**, 33
Plattenspieler **66**, 67
Plattenteller 67
Pol, magnetischer 10
Profil, Flugzeugtragflächen- 24, **24**, 26
Profil, Reifen- **18**
Programm, Computer- 41
Propangas 50
Propeller 25, **28**, 29, 30
Pumpe (der Waschmaschine) **65**

Q

Quarzkristall **63**
Querruder 25

R

Radio 29, **70**, **71**
Raumwellen **71**
Reaktor, Druckwasser- **6**
Reaktor, Fusions- **7**
Reaktor, Kern- **7**
Reaktor (Ölraffinerie) **50**
Reformieren (Erdöl) 50
Regler 34
Reifen 20
Rillen, Schallplatten- **66**, 67
Roheisen 46, **46**, 47
Rohöl 50, **50**
Rohre 33, 49, 64
Rohrleitungen 14, **29**
Rohrskelettbauweise **32**, 33
Rolltreppe 34, 35, **35**
Röntgenstrahlen 56, **56**, 57
Röntgentomographie 56, 57
Rotor **10**, **26**
Ruder 25, 30

S

Sandfilter **8**, 9
Satelliten 29, **71**, 73
Sauerstoff 46, **46**, 47
Sauerstofflanze **46**
Säure 21, **44**
Schädlingsbekämpfungsmittel 50
Schalldämpfer **17**
Schallplatten **66**, 67
Schallwellen 38, **69**
Scheibenbremsen **17**
Schiffe 14, **29**
Schlitze (im Motor) 13
Schlösser **60**, 61
Schmieröl 50
Schriftsatz 44
Schweißen 53
Seitenaufprallschutz 18
Selen 37
Selentrommel **37**
Sender 71, **71**, 73
Sicherheitsgurt 18
Silizium-Chip **40**, 41, **41**, **63**
Spannung, elektrische 4, **4**, 5, **5**, 38, 67, 69, **69**, 71
Speicher, Computer- 41
Sperrstift (beim Schloß) **60**
Spiegel **52**, 53, 55, **55**, **76**, 77
Spiegelreflexkamera **76**, 77
Sprengstoff 50
Spulen 4, 10, 11, **11**, 38, **66**, 67, **68**, 69, **69**, **72**
Stahlblöcke **47**
Stahlerzeugung 46, **46**, 47
Ständer **10**
Stator **10**
Staubsauger 64, **65**
Stauseen **8**, 9
Steigrohrkopf 49
Stereos (Druckplatten) 44
Stereoanlage **66**
Steuerflosse 25
Steuerung 16, **17**, 19, 30
Stickoxid 17
Stickstoff 17
Stoßdämpfer **17**, 21, 34
Strichkode-Leser 54-55, **54**, **55**
Stromlinienform 21
Stromwechsler 10, 11
Sucher (Kamera) **76**
Supermarktkassen 55, **55**

T

Tastatur, Computer- **40**, 41, **56**
Tauchboot **29**
Telefon 33, 38, **39**
Telefonvermittlung 39
Thermostat **64**
Tiefdruck 44
Tiefenruder **28**
Tieftöner 67
Tonabnehmer **66**, 67
Tonaufnahmekopf 69
Tonbandgerät **68**, 69
Tonerstaub 37, **37**
Tonsignale, Fernsehen 73
Tonsignale, Radio **70**, **71**
Trägerwelle 38, **70**, 71
Tragflächen 24-25, 26
Tragflügelboot 30
Transformatoren 4, **4**, 5, **5**
Transmissionssystem 16, **17**
Treibrad 62, **62**, 63, **63**
Tuner 70, **73**
Turbine 4, **4**, 6, 7, 14, **14**, 15

U

Überhitzen 22
Überströmkanal 13
Uhren 62, **62**, 63, **63**
Ultraschall 77
Unruh 63, **63**
Unruhfeder 63
Unterseeboot 10, 28, **28**, 29, **29**
Uran **6**, 7, 29

V

Venen 59
Ventilator 14, **14**, 15, 30, **64**, 65
Ventile **12**, 13, 49, 64
Verbrennung 13
Verbrennungsmotor 13
Verdampfer **64**
Vergaser **17**
Vergrößerer **77**
Verschluß (Kamera) **76**, 77, **77**
Verstärkung/Verstärker 38, **66**, 67, 69, **70**, 71
Videoaufnahmekopf 74
Videoband 74
Videorecorder 74, **74**, 75
Vorwärtsschub, -trieb(kraft) 14, 25, 30

W

Walkman **68**
Wärme 4, 7, 13, 14, 22, 29
Waschmaschine 64, **65**
Wasser 4, 7, **8**, **17**, 29, 65
Wasserstoff 7
Wasserturm **8**
Wasserversorgung 9, 33
Wechselstrom **4**, 10, **10**
Wiedergabekopf (Tonbandgerät) 69
Winddüsen 46, **46**
Wolkenkratzer **32**, 33

X

Xerographie 37

Y

Yale-Schloß 61

Z

Zahnräder 16, 62, **62**
Zeitungen 44
Zentralkernmethode **32**, 33
Zug 10, **11**, 21, 22, **23**
Zuhaltungsschloß **60**, 61
Zündkerze **12**, 13
Zylinder (Motor) **12**, 13, **13**, 17, **18**, 22, **22**
Zylinderschloß **60**, 61

BILDNACHWEIS

Die Illustrationen in diesem Buch wurden angefertigt von:
Heinemann Publishers: S. 15 unten
Industrial Art Studio: S. 20 unten
Linden Artists: Craig Warwick S. 12 unten, Tony Gibbons S. 24 oben
The Maltings Partnership: S. 4-9, 12-13, 14-15 hauptsächlich, S. 16-17 hauptsächlich,
S. 20-21 hauptsächlich, S. 24-31, S. 34-37, S. 41-43, S. 48-49, S. 60-61, S. 64-65, S. 72-73, S. 76-77
Naumann & Göbel Verlag: S. 16 oben, S. 38, S. 75 oben
Russel & Russell Associates: Colin Curbishley S. 57-59, S. 68-71;
Andrew McGuiness S. 22, 23 oben, S. 52 unten, S. 53 hauptsächlich, S. 62-63;
David Russel S. 32-33, S. 46-47, S. 66, S. 74;
Ian Thompson S. 10-11, 44-45 hauptsächlich, S. 50-51, S. 54-55
Michael Wollert: S. 18-19, S. 37 rechts, S. 40, S. 52 unten

Der Verlag dankt folgenden Firmen und Einzelpersonen für ihre freundliche
Erlaubnis zum Abdruck der Fotos in diesem Buch:
ADAC Motorwelt S. 19 unten
Boeing S. 15 oben
DaimlerChrysler S. 18 oben
Deutsche Bahn AG S. 11, S. 23
EMI Classics S. 67
Helmut Mallas S. 39, S. 41, S. 53, S. 69, S. 73
Siemens plc S. 56
Telefocus, British Telecommunications plc S. 38 unten